粤菜大师技法丛书

黄炽华

经典广府菜技法

注册中国烹饪大师资深级
中国粤菜十大名厨
中国餐饮三十年杰出人物

黄炽华 著

SPM 南方出版传媒

广东科技出版社 | 全国优秀出版社

·广 州·

图书在版编目（CIP）数据

黄炽华经典广府菜技法 / 黄炽华著 . — 广州 : 广
东科技出版社 , 2021.11
（粤菜大师技法丛书）
ISBN 978-7-5359-7764-9

Ⅰ . ①黄… Ⅱ . ①黄… Ⅲ . ①粤菜—菜谱
Ⅳ . ① TS972.182.65

中国版本图书馆 CIP 数据核字 (2021) 第 212478 号

黄炽华经典广府菜技法

Huangchihua Jingdian Guangfucai Jifa

出 版 人：严奉强
项目统筹：钟洁玲 颜展敏
责任编辑：张远文 彭秀清 李杨
责任校对：陈静
装帧设计：友间文化 水石文化
责任印制：彭海波
菜式拍摄：梁述高 王安齐
摆盘设计：梁述高
出版发行：广东科技出版社
　　　　　（广州市环市东路水荫路 11 号　邮政编码：510075）
销售热线：020-37607413
http://www.gdstp.com.cn
E-mail：gdkjbw@nfcb.com.cn
经　　销：广东新华发行集团股份有限公司
印　　刷：广州一龙印刷有限公司
　　　　　（广州市增城区荔新九路 43 号 1 幢自编 101 房　邮政编码：511340）
规　　格：787mm×1 092mm 1/16 印张 13 字数 260 千
版　　次：2021 年 11 月第 1 版
　　　　　2021 年 11 月第 1 次印刷
定　　价：148.00 元

如发现因印装质量问题影响阅读，请与广东科技出版社印制室联系调换（电话：020-37607272）。

黄炽华从业 40 多年略影

　　黄炽华，广东省佛山市人，从事粤菜烹饪 40 多年，先后师从中山李少康师父、广州龚腾师父、北京康辉师父、佛山车鉴师父。曾任佛山宾馆餐饮总监、禅城酒店副总经理、中国烹饪协会第三届理事、广东烹饪协会常务理事、佛山饮食同业商会第二届和第三届副会长、中国饭店协会全国名厨联谊会副会长等职务。

　　从业 40 多年来，遵循努力学习、不断钻研、艰苦拼搏、奋力攀登的严师训导，恪守"传统不守旧，创新不忘本"的粤菜发展和创新的初心和原则，在粤菜传统基础上锐意创新，主持研发深受食客喜爱的鲟龙鱼宴、佛宾清香鸡、禅城酥皮月饼等经典宴席和菜点。

　　崇尚博采相融、粗料精制、下料上做、善变务实的粤菜烹调工艺技法，创制出玉兰穗花鱿、三色泡鱼榄、云腿虎扣扇影、多宝耀佛山（生焗多宝鱼）、香酥龙母鱼、星洲泡海鲩、牛乳煎滑鸡等富有特色的创新菜式。

　　多年来，坚持不懈地学习粤菜、传承粤菜、研究粤菜，将粤菜的传承与发展作为己任。积极参与广东省人社厅技能鉴定中心《粤菜烹饪教程》的编写，配合佛山市三水区文体旅游局编写《三水河鲜美食》《三水长寿家宴》等专业书籍，分别在《佛山日报》《广州日报》《羊城晚报》《澳门日报》《香港商报》等报刊发表粤菜美食文章。此外，还在佛山电视台、广东电视台担任美食节目的嘉宾主持，参与中央电视台《佛山年夜饭》的节目录制，烹制佛山传统柱侯鸡；参与香港亚洲电视台《味是故乡浓》栏目，介绍佛山美食；参与香港无线电视台《吾汤吾水》美食节目。黄炽华是首批注册中国烹饪大师资深级之一，首届粤菜峰会十大名厨之一，全国名厨联谊会副会长，"中国烹饪金勺奖"获得者。获评中国改革开放时代厨艺之星、中国粤菜十大名厨、第一届南粤技能能手、中国餐饮三十年杰出人物、广东餐饮四十年特别贡献人物、广东十大工匠名厨等荣誉称号。

1976 年，与首徒郭钜辉（右一）上门
做宴席工作照

1984 年，黄炽华（左一）与伯父黄锦标（左二，新加坡
鱼生大王）、表姐夫陈笑风（左三，粤剧名伶）合影

1984 年，与恩师李少康（右一）合影

1984 年，黄炽华（右三）与粤菜前辈黄锦标（左一）、徐广仁（左二）、龚腾（左三）、张远开（右二）、周就（右一）合影

1986 年，与恩师龚腾（左一）合影

1988 年，黄炽华（左一）参加佛山首届美食节菜式试制

1994 年，黄炽华（左一）与恩师车鉴（右一）在考评中

1994 年，黄炽华（第二排右六）参加广东省
厨师职业技能鉴定考评员资格培训班合影

1996 年，中国书法家侯正荣（一笔虎）的题词"味香南国，技誉华夏"

1997 年，与徒弟陈文生（右一）获奖合影

1998 年，黄炽华（右三）与澳门首席名厨梁耿（左三）、广东十大名厨林壤明（左二）合影

1999 年，黄炽华（中）与恩师康辉（左一）、龚腾（右一）合影

1999 年，在湖北考察中科院中华鲟养殖基地，图中的长江中华鲟有近 500 千克重

2006 年，黄炽华（掌勺厨师）在泰国曼谷唐人街演示粤菜厨艺，时任泰国王妃（前排右四）、曼谷市市长（前排右三）观看了制作过程

2012 年，黄炽华（第一排左八）与佛山宾馆餐饮部老工友聚会合影

2017 年，华家班拜师合影

2018 年，与黄振华大师
（左一）合影

2018 年，黄炽华制作"自制剁椒蒸桂鱼"工作照

2019 年，华家班拜师仪式大合影

2019 年，广州黄家班（黄振华）、
佛山华家班（黄炽华）交流聚会合影

2020 年，黄炽华（左四）与广东省政协主席王荣（左五）、
原广州市政协主席刘悦伦（左三）合影

2006 年入选《中国名厨·广东卷》大典

2006 年荣获"中国烹饪大师"荣誉称号

2009 年荣获"厨艺终身成就奖"

2011 年荣获"中华金厨奖"

2015 年首批注册中国烹饪大师资深级

2017 年受聘为国际粤菜评委

2019 年庆祝中国成立 70 周年南粤餐饮
经济发展荣获"时代厨艺师匠"称号

2020 年受聘为广东粤菜研究院特聘研究员

序一 难得的知音

得知华哥出书的消息，我真是太开心了。

我是1984年认识华哥的。那时很多澳门的师傅受聘到内地工作。那一年，从澳门到佛山旋宫酒店当餐饮部总经理的王文叔前辈，带着我们澳门的中厨、西厨一行来到佛山，与当地厨师交流。我第一次见到了粤菜界的宗师级人物——车鉴大师傅，在他后面，还有当时还算年轻的华哥和一班佛山厨师。那时，华哥在佛山宾馆餐饮部任副经理。佛山宾馆人才济济，华哥手下个个精英。华哥热情豪爽，我们一见如故，成了好朋友。从那时至今，30多年过去了，我们仍然经常交流菜式和烹饪方法，成为难得的知音。

华哥爱动脑筋，非常活跃。他好像总在琢磨菜式，热爱烹饪，热爱创新。

20世纪90年代初，港澳地区兴起了镬仔菜。华哥得知，到处寻找镬仔。内地找不到，他就给我打长途电话，让我帮他在澳门买了20多只镬仔。然后，他带着几个拍档，专程来澳门，我带着他们在澳门品尝特色美食，切磋交流。最后他们几个人把20多只镬仔背回去。背镬，粤语"孭镬"——闯了祸，要某人负责。这样的一语双关，成了行内"笑话"。这个笑话是打双引号的，其实是一桩美谈。华哥把镬仔背回去后，在佛山宾馆推出了系列"镬仔菜"，引领潮流，颇受顾客好评。

华哥是实干派。说干就干，雷厉风行。有一次，华哥到澳门来，和我聊到做焖菜，如何使菜品色泽更亮丽呢？我建议，用天顶老抽。结果华哥和来澳门交流的8位厨师，每人背着两罐5斤装的老抽回佛山。

1997年，华哥被调到佛山禅城酒店当副总经理。当时酒店的餐饮部生意一般。华哥上任之后，先把内部调整改造，使得禅城酒店在人事上焕然一新。在菜式上，华哥也来了一个大胆的突破：用一条鲟龙鱼做出一席既有风格，又美味且兼具养生健体功效的"鲟龙鱼宴"。这一回，"鲟龙鱼宴"的名声传到港澳，风靡一时，不但引来了港澳美食旅游团，很多行家都纷纷来到佛山禅城酒店观摩学习。

华哥属于醉心于烹饪的人。他对广府菜和佛山地区的菜式有长期的研究，厨艺高超，能说、能写、能做，是位全能型的国家级注册烹饪大师。如今他已经桃李满天下，而且，他授徒也非常认真，可谓：悉心调教，如春风化雨。他的多位徒弟，都成了行业精英。

我就姑且写一首打油诗给他加油吧：

华哥厨艺确堪嘉，
技法全面顶呱呱。
能烹善写且能说，
我辈典范受人夸。
三浆四粉通晓透，
五滋六味明瞭它。
烹出人间千百味，
甜酸苦辣度年华。
今留书谱传后世，
既助行业复宜家。

据我所知，《黄炽华经典广府菜技法》一书是华哥筹备多时，花费不少心血和时间，对自己多年的烹饪经验进行的总结。这里面有包括河鲜、海鲜、海味干货、蔬果瓜菜等食材的故事，有蒸、炆、炒、炖、煎、炸等广府菜的各种技法，故事加上技法，几十年经验弥足珍贵。

我和大家一样，充满期待。

在此，衷心祝愿华哥继续为厨艺界做出新的贡献！

梁焭
澳门饮食业工会会长
2021 年 8 月

黄炽华的佛山菜

黄炽华生于 1951 年，佛山人，是首批注册中国烹饪大师。

2019 年我们出版《粤菜师傅通用能力读本》，第 7 章第 2 节《粤菜师傅工匠精神的传承》里，收入 10 位广府菜大师，他是其中之一。

黄炽华在业界有个绰号：怪哥。这个"怪"，是指他与众不同，与武林小说里面的"怪杰"类似。在粤语里面，"怪"还有一层意思——"搞怪"，即幽默、诙谐、好玩。

生猛的"马骝仔"

黄炽华总结做厨师的"六字诀"：爱好、天赋、拼搏。

他 7 岁就下厨，这种喜爱仿佛是与生俱来的。当然，他父亲就是厨师，一九四九年前，在聚丰园掌勺。不过，他的第一位师傅却不是父亲，而是他太太的姨父，中山的李少康师傅，第二位是泮溪酒家的龚腾师傅，第三位是北京饭店的康辉师傅，第四位是佛山名厨车鉴师傅。

黄炽华是我见过的大师里面，最活跃最生猛的一个。个头不高，声音洪亮，中气十足。他说："我做过马骝仔（猴子）。"就是建筑工地上，爬到高处搭脚手架的小工仔。那是 1972 年他知青返城的第一份工作：佛山房管局建筑队。那时的他矮矮瘦瘦，领导一看："哈，这身材正好做马骝仔！"

1981 年，他迎来人生的曙光——应聘进入佛山宾馆（当时是中国国际旅行社佛山支社），从内部职工饭堂做起，到接待旅行团的对外餐厅；从候补到有正式"镬位"的厨师，到厨房班长、餐厅部副主任、二级厨师、餐饮总监、禅城酒店副总经理……经过 17 年的奋斗，一步一步，成为"中国烹饪大师"。

即便现在 70 岁了，他仍如年少时一样，充溢着"马骝仔"般的生命力。

每天早上 5 点起床，6 点巡视农贸市场，这是他几十年不变的"晨练"。浏览和研究各种各样时令新鲜食材，是他最大的娱乐。"大师""工匠"都是这样，由喜爱到不能自拔……才炼成的吗？

也许，正是这股旺盛的生命力，推动着他不断攀登拼搏的吧。

出口成章的"怪哥"

这些年，黄炽华"退而无休"，一直活跃在各种厨艺大赛和电视美食栏目中，当评委、顾问或做主讲嘉宾，教人做菜煲汤。讲起厨艺，黄炽华眼睛放光，热情如同井喷，霎时变成一部"活字典"。

某天有人提及佛山的河鲜，他出口成章："吃河鲜讲究的是'三原'：原色、原汁、原味。广东有'十大著名河鲜'：石龙鲟嘉桂，虾蟹响边鲈。指的是：石斑、龙脷、鲟龙、嘉鱼、桂鱼、明虾、膏蟹、响螺、边鱼、鲈鱼，共 10 种河鲜，佛山占了 6 种，所以说，佛山是鱼米之乡。"

与他一起吃饭，他基本都在答疑解难。食材烹法、厨艺百科，他样样精通："吃鱼怎样才不腥？这里面贯穿了粤菜的基本功。是不是一定要放姜？不一定。首先，鱼要新鲜，千万不要用刀背拍鱼头，拍死了这条鱼就不能吃了。下刀位在腮根下面（他在自己耳背比画），压下去，顿刀，然后把鱼放入一盆清水里，放血要放尽，打鳞要打净，去掉鱼牙，除去腹膜，用大火蒸鱼，中间环节一刻不能停顿……"

他边讲炒菜边转动他浑圆的手腕，张开壮实的五指，转腕，他称为"兰花手兜匀"。就是用镬铲不停翻炒，让菜受热均匀，需要手腕在柔软中发力。

只见他手势配合着眼神、表情，抑扬顿挫，绘声绘色，活灵活现，逗得满堂喝彩，大家捧腹大笑。一顿饭，成了最生动的一课，人人受益，历久难忘。

"佛山菜"与"广府菜"之别

最初列出本书的目录内容时，黄炽华用的书名是《佛山传统菜》。

佛山菜不就是广府菜吗？难道"十里不同风"了？

在我看来，省城广州的繁荣是因为有珠江三角洲的承托。佛山位于珠江三角洲腹地，毗邻广州，明清以来，广州、佛山成为珠江三角洲乃至岭南地区的经济轴心。它们的区别，只是地域分工：广州是外贸中心，佛山是加工业和商业中心。各省运来的货物先汇集到佛山，再由广州行商到佛山转购或出口。佛山是一个巨大的发散中心，百业兴旺，成为全国"四大聚"和"四大名镇"之一。珠江三角洲的人都习惯说"广佛同城"，佛山就是广府范围。

但在黄炽华心里，却不一样。几十年的亲身经验，让他洞察更加细微。他说，佛山菜食材更加新鲜；用料更广；烹饪更强调镬气。而广府（广州）菜只是比佛山菜更显精致而已。

换言之，佛山菜更接地气，更准确？或者，他觉得佛山菜他更有把握，更加擅长。

是不是谦虚呢？

我的理解是：广府菜是佛山菜的精致版，佛山菜是广府菜的乡土版，有更粗犷的生命力。

不过，怎么说，它们都是同宗同门，一脉相承的。为了辨识方便，书名还是采用了《黄炽华经典广府菜技法》。

本书看点

黄炽华40多年的职业生涯，获奖无数。他曾带领团队，研发鲟龙鱼宴、禅城酥皮月饼等经典宴席和菜点。20世纪80—90年代，佛山宾馆成为新潮菜的"孵化器"，因为黄炽华率领团队到广州、澳门、香港等地拜师学艺，博采众长，然后创制出玉兰穗花鱿、三色泡鱼榄、云腿虎扣扇影、多宝耀佛山（生焗多宝鱼）、香酥龙母鱼、星洲泡海鲩、牛乳煎滑鸡等富有特色的创新菜式。他设计的鲟龙鱼宴有：天麻炖鳞甲、煎焗鲟龙尾、龙肠蒸滑蛋、豉椒炒龙皮、香煎鲟龙骨、香杏炖龙脑等，开创了"一鱼多食"的先例，一时间名声远播，客似云来。

可惜的是，过去几十年间，一场场大宴，一道道轰动的菜式，都没有留下精彩的图片。这一次结集，意义非凡。出版社要求一定要体现大师毕生成就，汇总40多年积累的厨艺秘技，展示广府菜的各种烹法，每道菜都要配上高清大图。这下，可难为黄炽华了。幸好，还有一个"华家班"，有他几十年广结善缘的朋友兄弟，更难得的是跟他合作多年的广东广播电视台公共频道《美食地图》《大厨上门》《健康厨房》的导演梁述高，主动承担了拍摄菜式和摆盘设计的艰巨任务。群策群力，各尽所能。每一道菜都得重做一遍，图片是"从零开始"的。

也许是因为这样，黄炽华换了一套战略，不以宴会大菜为主，侧重点放在餐厅的日常菜、大众菜和家常菜上，技法却是分毫不差。采用应季的最日常最普通的食材，充分演示"粗料精制""下料上做"的广府菜烹饪技法精髓。

全书精选出88道菜式，囊括蒸、煎、炒、焖、炖、煲、焗、熷、卤、酿、炸、扣、扒、烩、滚、焗、泡、浸等近20种烹饪技法，图文并茂，每道菜都有来源、特点、原料、调料、制作方法及技艺要领，全是第一手资料。

大道至简。本书涵盖面宽广，既可供专业厨师学艺，也可让美食爱好者对照模仿，在体验大师"工匠精神"的同时，到身边最近的菜场，找最普通的食材就可以试练，实践大师技法。

钟洁玲

资深编辑，美食作家

2021年8月

德艺双馨华师傅

他，荣誉在身，业界知名。佛宾月饼、清香鸡、鲟龙宴、飞机鱼、柱侯鸡……至今无一不为人津津乐道。

他，退而不休，诲人不倦。花甲之年，创办培训学校，成立工作室，与100多位徒弟组成"华家班"，致力传承发扬粤菜烹饪精粹。

他，师古不泥，推陈出新。曾在泰国国王登基60周年庆典上为王妃和公主做粤菜，以油泡蟹钳、串烧大虾、珊瑚霸王鸭等名动一时，载誉而归。

他，就是首批注册中国烹饪大师，首届粤菜峰会十大名厨之一，全国名厨联谊会副会长，"中国烹饪金勺奖"获得者黄炽华。佛山首个粤菜师傅大师工作室——广东省黄炽华粤菜师傅大师工作室，正是以黄炽华的名字命名。

成功＝兴趣＋天赋＋努力

"成功＝兴趣＋天赋＋努力"，这是黄炽华的人生信条，亦是他成名之路的精准概括。

"从事烹饪，我不是红裤仔，只是半路出家。我最初做的是'三行'，俗称'泥水佬'，因为人比较瘦小，身手敏捷，专门负责搭棚。后来才转行做'厨房佬'，但是，我从小就对入厨有兴趣。我父亲是一位厨师，20世纪40年代，曾在广州聚丰园、孔雀酒家打拼过。在父亲的耳濡目染下，我7岁已开始帮家里买菜煮饭。每次去市场买鱼，鱼档老板总是问我鱼怎么食，如果滚汤，要买鱼尾；如果蒸鱼，要买鱼腩。这些我都记在心里，由此学会了依材而烹，因料而食。"黄炽华侃侃而谈，少年时代的经历恍如昨日。

1968年，响应国家号召下乡当知青的黄炽华，去了恩平。1972年，因招工回城到佛山房管局工作。当时又矮又瘦的他，自报想当木工，但实操考试后，却榜上无名，只能听从领导安排，改去搭棚，一干就是6年。后来，他被调到局里的后勤部门，处理杂七杂八的工作，甚至还当过具有时代色彩的民兵连连长。如此前前后后在房管局度过9年的光阴。这期间，黄炽华想学厨的兴趣有增无减。得知未婚妻的姨丈在中山县（现中山市）中山大厦当厨师，做得一手好菜，黄炽华喜形于色，期待能学之一二。他的意愿得到未婚妻的支持，于是每周休息日，两人一早从佛山赶赴中山石岐，直接到宾馆的厨房，跟着姨丈边做边学，然后赶晚上最后一趟班车返回佛山。如此一年时间，虽然奔波劳碌，黄炽华却感到充实。回到佛山家里，黄炽华每天都在用姨丈教导的厨艺练习菜式。

父亲的影响，姨丈的带动，想当大厨的动力，让黄炽华对烹饪的热情持续高涨。

"人必须永不停止追求的步伐，因为机遇面前人人平等，厚积才能薄发。" 1981 年，是黄炽华的人生转折点，多年的积累终于让他抓住人生机遇。这一年，中国国际旅行社佛山支社（佛山宾馆前身）要招聘厨师。听到消息，黄炽华如获至宝，立即报名。经过三次上炉试菜，被正式录用。1981 年 9 月 28 日，是黄炽华一生中最难忘的日子，这一天，黄炽华正式开启烹饪生涯，生活也因此变得活色生香。

报到的时候，经理问黄炽华："你想做什么工种？" "厨师！" 黄炽华脱口而出。最终，被安排进职工饭堂。10 月 3 日正式上班，黄炽华当上了饭堂的炒菜工。100 多人的职工餐全由他负责，切菜、炒菜、腌制材料等，一人全包。"这是我练习厨艺基本功最好的地方。" 黄炽华如是说。

但是，从小热爱烹饪的黄炽华，并不甘心于做炒大镬菜的普通职工，他梦寐以求想当大厨，也想尽办法用尽全力向大厨学习。

当看到为客人烹饪的大厨师们抛镬的技巧时，黄炽华萌生了学抛镬的想法。思考良久，终于找到机会，他跟餐厅部主任说："我想买一只厨房里用不着的烂镬，回家练习抛镬。" 主任听后，爽快应道："这是好事！不要拿烂镬，我开个批条，你拿只好镬回去练。"

为了练好抛镬，黄炽华回家后找了一车沙，工余时间，在后院以沙当菜，一板一眼开始练习。一练就是一个多月。沙练完了，他就在家里的灶台开始"实弹演练""真刀真枪"抛起镬来。

对于本职工作，黄炽华丝毫不敢懈怠。每天早上 7:30，黄炽华已准时到达岗位，准备材料，加煤、开炉。10:30 将菜炒好，就等职工们前来就餐。本来，忙了一个上午，黄炽华可以停下来休息，可他非但没休息反而跑去给客人做菜的大厨那儿打下手，目的只有一个——"偷师"。

有一段时间旅行团特别多，跟大厨"偷师"多了之后，黄炽华炸的凤凰香荔卷、五柳襄衣蛋等，不但炸得好，连开浆等巧妙的技术，他都学到了。后来大厨忙不过来时，甚至叫他来帮忙，黄炽华亦应付自如。

成功总是青睐有准备的人。1983年上半年的某一天，为客人烹饪的大厨突然有事，厨房人手不足，正急得团团转的餐厅部主任忽然看见黄炽华，连忙抓住他救急，问："你炒唔炒到嘢啊（你能上镬炒菜吗）？"黄炽华坚定地回答道："得（可以）！"

不鸣则已，一鸣惊人！临时救急的黄炽华不但能炒菜，而且抛镬技艺出神入化，让餐厅部主任大为惊诧，刮目相看。也因此，黄炽华迎来了人生又一个转折点——工作岗位被调整到为客人烹饪菜肴，成为宾馆里真正有自己镬位的人！同年下半年，因工作认真、细致、勤恳，黄炽华被提升为厨房班长，负责厨房管理。两年后，因厨房管理出色，厨师团队团结，菜品质量不断提升，黄炽华再被提升为餐厅部副主任（后来改为餐厅部副经理）。作为部门经理，他一直坚持在烹饪第一线，"宾馆有六个厨房，每个厨房都有华哥一只镬！"这是黄炽华最引以为荣的事。

宣布任命时，宾馆总经理问黄炽华："职位升了，责任重了，你有什么想法？"黄炽华想了想，真诚地回答："现在正处于改革开放年代，菜式发展日新月异，我想找机会出去学习。"总经理听完黄炽华的话，非常认同，立即安排一位副总联系跟进。最终与广州酒家取得联系，到店学习交流。

"在广州酒家，我一共学习了一个月零九天。厨房20天，营业部、楼面19天。"对此，黄炽华记忆犹新。在厨房，当时其他人都争着上镬，而黄炽华却选择水台，他要取长补短，从自己最弱的一项入手学起。在江程老师傅的教导下，斩、劈、宰、起（全鸡、全鸭、全鱼起肉）几样基本功，黄炽华很快学会，运用自如。而到起菜，他就做打荷，因此和广州酒家大师级人物黄振华相识并从旁"偷师"。在营业部，他跟着谢林超学开菜单，负责将菜单送到厨房；他还经常向营业部的经理周玉珍（后来当上了集团副总）请教各种业务。

黄炽华习惯早起，每天早上7点多，他就已经到达厨房，按部就班做好三件事：一是抄菜单，二是帮水台磨刀，三是在水台底下拣死鱼，并将死鱼按鱼菜的要求起肉起骨分放。也正是黄炽华这种持之以恒的勤劳，被一早巡查厨房的酒家经理温祈福发现。温祈福问："小伙子，你是从哪里来的？"黄炽华恭敬地回答："我是从佛山过来学习的，我叫黄炽华。"对勤奋的惺惺相惜，让温祈福认识了这位顺德老乡，至今两人还是好朋友。

1986 年，黄炽华考上二级厨师；1987 年，广东省旅游系统组织全省一级厨师考核，黄炽华有幸被领导推荐，获得团体总分第一的好成绩。当领导问起对于竞赛获奖，需要什么奖励时，黄炽华说："不需要什么物质奖励，我只想去广州白天鹅宾馆学习。"

广州白天鹅宾馆，是改革开放后建立起来的第一批涉外五星级宾馆，所有的硬件和服务配套，都代表着当时国内的先进水平。事情汇报到旅游局，局长非常重视。联系落实好后，局长亲自带队，到白天鹅宾馆交流学艺。

与白天鹅宾馆的交流，令黄炽华记忆最深的是"干冰"。当时，看到这种利用干冰形成雾一般意境的摆盘，令黄炽华大开眼界。这次交流以后，"干冰"摆盘，就从白天鹅宾馆传到了佛山宾馆。除此以外，黄炽华还抓住一切机会与外界学习交流。邻近的，是和广州流花宾馆、白云宾馆的交流；更远的，是到港澳和东南亚的交流学习。

"我特别感谢香港敦煌集团的简焕章先生，他对我们的帮助，也是非常巨大的。"微型雕刻摆盘，是当时香港流行的一种时尚摆盘方式，而关键在于微型雕刻模具。黄炽华"眼见心动"，得简焕章同意，从敦煌集团带了几套回佛山，佛山宾馆的菜式造型、摆盘立即推陈出新，上了档次。"而怎么做、怎么吃石头鱼；怎么去庙街配材料做咖喱酱等，都是简焕章先生无私分享和教路的。当然，这些菜式和配料，都陆续在佛山宾馆登场，形成了风潮。"回忆起当年交流中的学习，黄炽华颇有感触。

"烹饪有五滋六味，我今年 70 岁，也尝遍人生种种滋味，得益于政府、社会、家庭的支持和帮助，在烹饪上学有所成，也学以致用，感触最大的莫过于做人如做菜，除了有天分、有兴趣，更要专心专注、勤奋实在，才能成功。"

创新 = 传统 + 改良 + 发展

也正是因为黄炽华的虚心求教，学以致用，佛山宾馆的很多菜肴，都是开佛山先河的。比如佛宾月饼、清香鸡、古法柱侯鸡、鲟龙宴等。

同样，也正是因为黄炽华的推陈出新，师古不泥，他的很多菜式，比如串烧大虾、油泡蟹钳、酿盲曹鱼（金目鲈）、飞机鱼、铜盘煎生蚝、生焗多宝鱼等，享誉业界，成为一时美谈。

说起创新的思路，黄炽华笑着说："创新 = 传统 + 改良 + 发展，但必须坚持一个原则：传统不守旧，创新不忘本。"

1995 年，是黄炽华第一次走出国门，去新马泰交流。在新加坡品味到油泡笋壳鱼后，被深深吸引。回到佛山，因应当地的消费水平而改用加州鲈炮制，试验成功后，又再用大众化的鲩鱼试制，最后，他成功做出技惊四座的"飞机鱼"。因味道香鲜而性价比极高，"飞机鱼"在佛山宾馆大受欢迎，风头一时无两，几乎每桌必点。

40多年的烹饪经历，华哥"画龙点睛"的故事数不胜数，其中"一席鲟龙宴带旺一家酒楼"的故事，是经典中的经典。1997年，华哥调到佛山禅城酒店当副总经理，他精心打造的一席鲟龙宴，引得四方同行纷纷效仿。"烹饪养生，可以从药食同源入手。鲟龙鱼一身是宝，比如头骨是软骨，脑就是脑白金，可以用杏仁汁炖。""记得1999年在禅城酒店做鲟龙鱼宴，最壮观的时候一千多人共聚一堂共品一菜。这个宴席甚至轰动粤港澳，香港旅行团都要专程慕名来吃鲟龙宴，之后有人称'这位老兄用一条鱼带旺一家酒楼'。"华哥笑说。

除了鲟龙，华哥对各类鱼的烹饪，更是游刃有余，他追求的是"大众的食材，做出不大众的味道"。生焗多宝鱼就是他的又一道创新菜式。多宝鱼在20世纪90年代开始流行，传统做法是清蒸、焖、起肉炒球，华哥认为多宝鱼的鱼肉够滑但是不够香口，为了在"香"上下功夫，他用了粤菜烹调其中一个技法——生焗，几乎不用什么调味料，一个瓦煲。加上花雕酒慢慢浇灌，多宝鱼鱼肉的鲜香就能随酒香全部释放。为加强宣传效应，华哥采用"堂做"这道生焗多宝鱼，亦即在大堂、在食客的围观下进行烹饪，因为香味的带动效应，一道"生焗多宝鱼"一晚卖出56煲，再次打破华哥个人纪录。

2006年，亚洲艺术节在泰国举行。泰国文化部邀请中国派代表团到泰国参加春节文化周及泰王登基60周年庆典活动。华哥参与交流活动，并现场展演中国美食文化，为泰王登基60周年举办宴席并筹备宴会菜式。

华哥打算做最具特色的顺德酿鲮鱼，可到泰国后，才发现找遍大街小巷都没有鲮鱼，甚至连日常所说的"泰国鲮鱼"也没有，经多番寻找，才找到和鲮鱼模样相近的盲曹鱼，可是，盲曹鱼极难起皮，一点一点用小刀起皮保持鱼皮完好后，到起鱼青后才发现，盲曹鱼肉根本不起胶。华哥随机应变，加入食粉，最终做出形神味俱佳的"酿盲曹鱼"，大受欢迎。

经过预先深入了解，华哥得知到场欣赏中国厨师烹饪的诗琳通公主喜欢吃虾，而泰王妃喜欢吃蟹，为此，华哥投其所好，特别制作了茄汁串烧大虾和油泡蟹钳。

在吃完油泡蟹钳后，泰王妃径直上前来，要与黄炽华握手致谢。黄炽华趁机让翻译问王妃油泡蟹钳是否好吃。谁知王妃竟开心地用生硬的中文对黄炽华说："我能跟你学厨艺吗？"以此明确表达华哥做的菜很好吃想学的意图！诗霖通公主一连吃了三只茄汁串烧大虾后连声说："好吃好吃！"晚宴后，公主特意面见了华哥并一起合影留念。

"受地域和原材料所限，因应食客口味和时代饮食观念变化，一个厨师必须具备变通能力，做到因地制宜，与时俱进，不断创新。"40多年的烹饪经历，华哥如此说，亦如此做！

成品＝技艺＋责任心

黄炽华的成名菜式很多，外人认为都是巅峰之作，可黄炽华认为，成品＝技艺＋责任心，只要有责任心，练好基本功，厚积薄发，就能做出好菜。

"顺德菜的特点是清、淡、鲜、嫩，讲究镬气，因此必须取材新鲜，急火快炒，现烹现食，才能把顺德菜的特色做出来。我不想多花心思去研究鲍参翅肚，反而花更多的心思研究家常菜，因为这样的菜品才是大众需要的，也才更能体现一个厨师的水平。"华哥一句听来平平淡淡的话，却反映了他对菜品的追求——大师的菜，并非选材昂贵，并非工序繁复，所讲究的是心思和责任，所期待的是大众喜闻乐吃。

"以往师傅教路，只点三样家常菜，就能全面了解一家饭店的水平——白切鸡、豆腐鱼头汤、炒油菜。因为一道白切鸡，包括拣鸡、杀鸡、浸鸡、斩鸡、调味等多个工序，反映了饭店买手、水台、砧板、候镬等多个岗位的水平；至于一道豆腐鱼头汤，可从成品的色、味、形等多方面评价厨师的水平；炒油菜，关键在于'炒'，菜有没有镬气，一看便知。"华哥将师傅的教导铭记在心，从事烹饪数十年如一日，对待每一道菜式，无一不从食客的角度从严要求自己，无一不倾注百分百的责任感，力求做到完美。

"以前，我参与饮食名店的评选，最关注的就是厨房，因为厨房是厨师的战场，连自己的战场都不收拾好，凭什么能做出好菜？我要求镬头必须干净卫生，五味池分类摆放，砧板必须干洁平滑，要配备两把刀（文武刀、片刀），架撑（工具）齐全。我评价一道菜品，要求色（颜色）、香（香气）、味（味道）、形（形状）、器（摆盘）、质（质量）、养（营养）俱全。"华哥娓娓道来，字字严苛。其实，对别人的要求如此，华哥对自己的要求更甚！

华哥曾创新推出名菜铜盘煎生蚝——广东阳江程村新鲜运到的生蚝，没有任何多余的技法加持，洗净、腌制好，平摊于铜盘中，起火生煎，铜盘成了最有力的介质。"以往我们吃过铜盘蒸鸡、铜盘蒸鱼，但是在铜盘上煎东西，仍需要点胆量，搞不好就会砸镬，不像铁镬和不粘锅有足够的厚度承载，铜盘上煎生蚝，需要严格控制好火候，让生蚝熟得恰如其分，熟而不老、外皮稍带点脆却不焦。"华哥对这道菜的关键点一一细说，用"铜盘"再次勾起那段曾经"背镬"记忆，同时也以"铜盘"表明他回归食物本真的追求。时隔数年，华哥再次"寻镬"，他希望找到一款手打的铜盘，由于打铜器手艺的逐渐失传，要买到一只合心意的铜盘，谈何容易，华哥频繁辗转数间铜器铺多番找寻终于达成心愿。看似简单的一道菜背后，却倾注了华哥对烹饪极致追求的责任感。

2003年，华哥离开禅城酒店，却并未离开热爱的烹饪行业。他创办佛山市华杰烹饪服务技术培训中心，专门负责对厨点师、楼面服务员培训，协助人社局对厨点师培训鉴定。近年，更在佛山成立广东省粤菜师傅黄炽华大师工作室，此外，他还收徒组建"华家班"，致力于粤菜的传承和创新。"不要把我称为大师，我永远都是一个学生，我把自己摆在学生的位置上，活到老学到老。"华哥说。

华家班是以华哥为首的一个以师带徒，亦师亦友，全方位开展烹饪技术以及餐饮经营管理的平台。至今，华哥的"华家班"有150多位徒弟。包括均安蒸猪传人、中国烹饪大师李耀苏，荣获中国饭店金马奖、中华名厨金勺奖的钟桂文，味可道美食坊总经理何剑生，味可道美食坊副总经理、行政总厨郑远文，周大娘牛乳负责人李浩其，以及正斗嘢、芳芳鱼饼、陈仔凉茶负责人等。华哥对于"入室弟子"的要求很简单：一要作风正派、尊师重道，二要有志于做好餐饮、肯钻研肯吃苦。

做人如做菜，不忘初心，方得始终！这是华哥的座右铭。因此，华哥做菜，始终坚持对传统风味的朴实传承和有趣创新；做人，亦一直坚持对责任的坚守和对厨艺不变的追求与传承。

劳联英

顺德历史协会副会长

2021年8月

目录

玉兰穗花鱿

玉兰穗花鱿不但在菜肴中色、香、味俱佳，而且它的菜名还给人一种艺术的享受。玉兰穗花鱿中的玉兰，学名芥蓝，又称为芥兰，将芥兰切成段状，两头剐（方言，粤菜烹调术语，意为切、割）花，用清水浸过后两头呈现出花形状，故又称为玉兰花。鱿鱼，也称柔鱼或枪乌贼。鱿鱼分为干鱿（晒干）和鲜鱿，如干鱿需涨发加工后使用，鲜鱿只需去皮衣、内脏洗净后就可使用。穗花鱿就是运用特定的刀法改切而成，在烹熟后形如麦穗状，故称为麦穗花鱿鱼。玉兰穗花鱿融入了粤菜清、鲜、爽、嫩的特点而广受欢迎。

特点

色泽鲜明，味鲜香，爽脆可口。

发好干鱿鱼 300 克，芥兰
500 克，蒜蓉 2 克，姜汁
3 克，上汤 30 克。

精盐、白糖、味精、绍酒、
胡椒粉、湿生粉、花生油
各适量。

制作方法

① 把发好干鱿鱼洗净，用刀从鱿鱼的头部斜刀刻纹，然后把鱿鱼反转从尾部右上方（呈
45°角）至头部铲斜纹后改切成大三角形。

② 芥兰洗净，去掉芥兰叶，把芥兰茎切成每截长约 4 厘米的段状，然后用刀分别在两
头剜花，放入盆里，用清水浸约 1 小时（成玉兰花）。

③ 在上汤中加入精盐、白糖、味精、胡椒粉、湿生粉、姜汁调成碗芡。

④ 烧镬下油，放入玉兰花，溅入绍酒、姜汁煸炒至仅熟，倾入广笊篱里，滤去水分。

⑤ 烧镬下油，待油温烧至三成热，放入切好的鱿鱼拉油至熟，倾入笊篱里，滤去油分。
随即把镬端回炉上，下蒜蓉略爆香，加入鱿鱼、玉兰花，溅入绍酒，下碗芡炒匀，
再下包尾油炒匀上碟便成。

技艺要领

① 玉兰改花后用清水浸 1 小时，以开花为度。

② 鱿鱼切花后拉嫩油，以卷成花状为好。如过火则会收缩变韧。

姜蓉焗黄骨鱼

黄骨鱼学名黄颡鱼，又称为黄骨丁、黄角鱼，生长于珠江、闽江、湘江、长江、黄河、海河、松花江及黑龙江等水系，全国各地都有养殖，属淡水养殖鱼类。广东市面售的多来自长江。不过，以肉质而论，佛山西江流域所产的黄骨鱼品质为最佳，故黄骨鱼因产地而出名，被称为西江黄骨鱼。黄骨鱼肉质细嫩，鱼味鲜美，营养丰富，而且还具有消除水肿和提高人体免疫功能的食疗作用，深受民众的喜爱。

特点

鲜香味美，嫩滑可口。

原料

鲜活黄骨鱼 500 克，姜蓉 50 克，
拍蒜头 15 克，干葱头 10 克，
葱白粒 5 克，红椒粒 1 克。

调料

精盐、味精、胡椒粉、
绍酒、生粉、花生油
各适量。

制作方法

① 将黄骨鱼宰净，去除鱼鳃和内脏，放入盆里，倒入约 95℃的热水（俗称虾眼水）中烫过，捞起再放入清水盆里，洗净潺液捞起，滤去水分。

② 姜蓉用调料拌匀。把洗净的黄骨鱼放入盆里，下精盐、味精、胡椒粉拌匀，再下生粉拌匀，最后下花生油拌匀。

③ 取砂锅一个，洗净后抹干水分，放在煲仔炉上猛火烧热，下花生油，烧滚后加入拍蒜头、干葱头爆香，随即放入黄骨鱼，将拌好的姜蓉均匀撒在鱼面上，加盖盖好后在锅盖边溅入绍酒，猛火焗约 4 分钟（其间要溅入绍酒），熄火，打开锅盖，撒上已和匀的葱白粒、红椒粒便成。

技艺要领

① 选用鲜活黄骨鱼。黄骨鱼宰杀后要用虾眼水烫过后放入清水盆里，洗去黄色潺液。

② 焗鱼时要用猛火，时间控制在 4~5 分钟。

陈皮爆鹅掌

古城佛山传统名菜爆鹅掌源于"车氏"三代人的传承和发展。

鹅掌的烹制源自车腾的金银鹅掌，他烹制的鹅掌运用传统的"铁板烧"法进行改良烹制。车腾之子（第二代传人）车谓，年仅14岁就入厨跟随父亲学艺，在烹制鹅掌的实践中发现父亲烹制的金银鹅掌焓中带爽，美味可口，不过，烹制工序太过烦琐复杂。于是他改进了烹制工序，把金银鹅掌改为绉纱鹅掌。此菜传至第三代车鉴。车鉴把绉纱鹅掌的炖扣法改为爆，并在烹制中适当加入料酒、姜和素有"广东三件宝"之一的新会陈皮等配料，更名为陈皮爆鹅掌。陈皮爆鹅掌一改以往鹅掌不够焓滑和肥浓过度的缺点，体现出焓滑、清爽、鲜香的特点。

原料

洗净鹅掌600克（约24只），湿陈皮10克，料酒100克，葱条2条，姜件2件，上汤1000克。

调料

生抽、老抽、精盐、白糖、味精、湿生粉、芝麻油、花生油各适量。

制作方法

① 将洗净鹅掌放入盆里，加入老抽拌匀（上色）后取起，滤去水分。

② 猛火烧镬下油，待油温烧至七成热，放入鹅掌炸至大红色捞起，滤去油分，随即放入水盆里浸漂。

③ 烧镬下油，放入姜件、葱条爆香，溅入料酒，注入上汤，用生抽、精盐、白糖、味精调味。随即捞起鹅掌放入镬里猛火烧滚后转入瓦煲里加盖盖好，猛火烧滚后转用慢火爆至鹅掌焓身。

④ 取起鹅掌，去掉大骨后放上扣碗砌成圆形，然后复盖上碟，用原汁调味，湿生粉打芡后加入芝麻油和匀淋上便成。

色泽鲜红，
烩滑清爽，
鲜香可口。

特点

技艺要领

① 鹅掌着色前不能用滚水飞水，因飞水后鹅掌不易着色。

② 炸鹅掌的油温要掌握在 270℃左右，如油温不够此温度，则起不到绉纱皮状。

③ 炸好鹅掌后立即捞起，放入冷水盆漂水，使鹅掌在烹熟时容易离骨。

得心斋酝扎蹄

得心斋酝扎蹄是佛山传统美食菜式，它以"五香和味，皮爽肉脆"而驰誉粤港澳。得心斋酝扎蹄始创于清乾隆年间（1736—1795 年），距今已有约 300 年历史，创始人为余浩忠。得心斋原名叫和记猪肉店，地点设在古城佛山正埠（现佛山禅城区永安路南堤市场侧）。得心斋的酝扎蹄烹制工艺精细，突出"酝"字。所谓酝，就是用慢火浸煮，一直煮到色呈金黄为最好。

特点

色泽金黄，肥而不腻，鲜美可口。

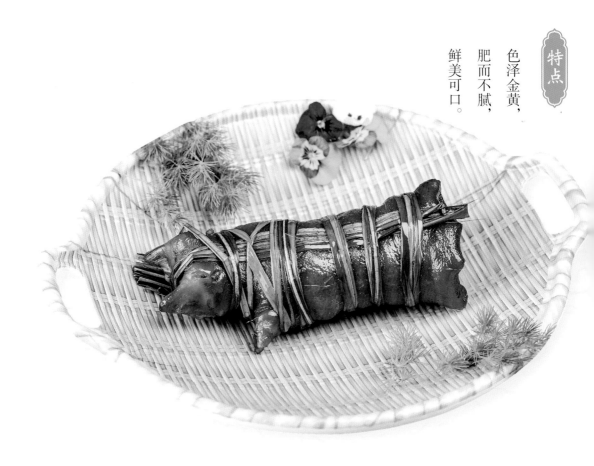

猪脚 2 只（约重 2 000 克），猪肥肉 1 000 克，猪瘦肉 750 克。

调料

精盐、白糖、川椒、桂皮、草果、五香粉、大茴、小茴、莲苊、香叶、八角、香茅、汾酒、生抽、芝麻油、老抽、花生油各适量。

制作方法

① 先将猪肥肉改切成长约 20 厘米、宽约 15 厘米的块状，煮熟后放入盆里，加入白糖（白糖以盖面为好），腌制约 2 天。再用滚刀法片成厚约 8 厘米的长片状（不能片断），放入盆里，加入适量五香粉、精盐、汾酒拌匀，腌制约 1 小时。

② 将猪瘦肉改切成与猪肥肉规格相同的长块状，然后下精盐、白糖、生抽、五香粉拌匀，腌制约 1 小时后放入烧腊挂炉缸内，慢火挂烤至六七成熟，取出待用。

③ 用适量的香料，如川椒、桂皮、草果、大小茴、莲苊等加入汾酒，加老抽、花生油、精盐等调料煮成卤水。

④ 将猪脚开皮去骨，抽去脚筋，放入清水盆中漂水过冷后取起，滤干水分。然后把腌制好的猪肥肉和猪瘦肉切成薄片，一层肥肉、一层瘦肉地间隔酿入猪脚，直至酿满为止。然后用水草带馅扎好，再放入卤水里酝熟。

⑤ 食时用刀切成片状，淋上适量芝麻油上碟便成。

技艺要领

① 所有的香料要炒过，才能使卤水增加香气。

② 把猪脚皮酿满后，关键在于用浸过的水草捆扎，做到松紧适度。

砵仔炖禾虫

禾虫，学名疣吻沙蚕。禾虫是随禾而长，随潮而出。它生长在水稻田和淡水河滩里。禾虫的生长期为每年二造（即每年两次），头造产于每年农历的四月至五月，而尾造则产于每年农历的八月。每当进入禾虫造时，它会在夜间乘潮水而浮出。

清初屈大均《广东新语》记载："禾虫……节节有口，生青，熟红黄。霜降前禾熟，则虫亦熟。"清代顺德籍文人罗天尺在《五山志林》中更引诗赞美禾虫："粤人生性嗜鱼生，作脍无劳刮镂鸣，此土向来多怪味，禾虫今亦列南烹。"禾虫不仅是盘中佳肴，在养生食疗中也有非常好的效果。

特点

味鲜可口，软滑香浓，有补脾固肾，防治水肿病及脚气症的功效。

鲜活禾虫 500 克，炸蒜子 50 克，湿陈皮蓉 2 克，鲜柠檬叶丝 1 克。

调料

精盐、胡椒粉、花生油各适量。

制作方法

① 把鲜活禾虫放入干净的清水盆内，轻柔漂洗，用筷子轻手将禾虫夹起放入另一盆清水中，连续三次，以水中没有杂质为好。然后再把禾虫滤去水分，放入干净盆里，先放入花生油，让禾虫饮油至其腹胀，然后下适量精盐，使禾虫爆裂泻浆。

② 待禾虫爆浆后用筷子拌打，使禾虫浆泻尽后加入炸蒜子、湿陈皮蓉拌匀，放入瓦砵里上蒸笼猛火蒸熟。

③ 把蒸熟的禾虫取出，放在炭炉上慢火焙至熟透呈微香取出，随即撒上胡椒粉、鲜柠檬叶丝便成。

技艺要领

① 禾虫要鲜活。

② 洗禾虫时要用筷子夹洗，不可用力（因用力会使禾虫爆浆）。

③ 禾虫洗净后放入盆里，先注入花生油，待其饮饱花生油后再下精盐，使禾虫自然爆浆。

砂锅焗黄沙蚬

何谓黄沙蚬？据相关资料，黄沙蚬以其生长在广东的西江、北江、绥江及东江一带浅水黄沙滩中而得名。它以"个头大、肉厚、质滑、味鲜、软糯"而成为西江、北江、绥江和东江流域特有的河鲜美食。黄沙蚬属于季节性食材，每年3—5月它最鲜嫩最肥美，是品尝黄沙蚬的最佳季节。砂锅焗黄沙蚬这款菜式，既保留了黄沙蚬的风味特色，又增添了粤菜席上氛围，深受坊间食客欢迎。

原料

黄沙蚬 750 克，干葱头 10 克，鲜沙姜 5 克，鲜紫苏叶 5 克，鲜金不换叶 2 克，蒜头 5 克，葱白段 5 克。

调料

精盐、白糖、味精、胡椒粉、绍酒、花生油各适量。

制作方法

① 将黄沙蚬洗净后滤去水分，盛在盆里，加入精盐、白糖、味精拌匀。鲜沙姜、蒜头洗净后用刀拍碎，鲜紫苏叶、鲜金不换叶洗净后切成粗丝。

② 洗净砂锅一个，用干洁毛巾抹干水分，放在煲仔炉上，猛火烧热，下花生油，待油烧至热，加入沙姜碎、蒜头碎、鲜紫苏叶丝、鲜金不换叶丝、干葱头爆香，然后加入黄沙蚬，加盖盖好，猛火烧滚后调味，撒上胡椒粉并在锅盖沿边淋上绍酒，再猛火焗约 5 分钟开盖撒上葱白段便成。

技 艺 要 领

① 黄沙蚬要鲜活肥大，最好能养过一天。

② 砂锅要烧热，下油烧滚后放入料头爆香，增添香气。

③ 掌握火候，黄沙蚬的熟度以刚开口为好。

连南浸田螺

田螺属于腹足类软体动物，它以水生微生物和藻类为食料，生活在乡间水田、鱼塘、河沟和湖边，耐寒而畏热，当水温低于10℃会钻泥，超过40℃会被烫死。田螺能明目，清热止渴，且肉嫩味美、营养丰富。佛山人爱吃田螺，紫苏炒田螺是佛山的传统菜式之一，而连南浸田螺，则是在紫苏炒田螺的基础上融入粤北地区瑶族风味特色而进行改良的一道菜式。

特点

鲜香清甜，螺肉爽口，营养丰富。

鲜活田螺500克,鲜九层塔叶(金不换叶)3克,蒜蓉3克,沙姜米5克,葱白段10克。

精盐、白糖、味精、胡椒粉、绍酒、花生油各适量。

制作方法

① 把鲜活田螺放入干净的盆里,注入清水养两天(其间最好放入一把切菜刀,使田螺能在菜刀上黏附而吐出污物,每天需换水两次),至第二天最后一次换水时加入几滴花生油,使田螺在吸入花生油后更容易吐清污物。然后用手抓田螺笃尾,用清水洗净捞起,滤去水分,放入盆里,下精盐拌匀,腌制约15分钟。

② 猛火烧镬下清水,烧滚后将腌过的田螺飞水,倾入笊篱里,滤去水分。

③ 烧镬下油,下蒜蓉、沙姜米略爆香,溅入绍酒,注入清水,猛火烧滚后加入田螺、鲜九层塔叶,略滚后用精盐、白糖、味精调味,撒上胡椒粉,下葱白段稍滚,随即放入砂锅里用煲仔炉烧滚上桌便成。

技艺要领

① 田螺要鲜活,最好能养一两天,去清田螺内潺物。

② 田螺笃尾后,即下精盐拌匀,腌制15分钟(使田螺入味)。

③ 九层塔叶的清香是成菜的一大特色。如无九层塔叶,可用薄荷叶(香花菜叶)替代。

彩虹捞滑鸡

俗话说："无鸡不成宴。"鸡菜已成为广东人品味美食和筵席宴客必不可少的标配。不论是家宴、村宴、喜宴、祭祖或各类相关的酒席，均少不了鸡，而且都以鸡菜为衡量标准。鸡菜做得好，方能彰显筵席的档次和主人的身份。彩虹捞滑鸡正是在粤菜传统烹制鸡菜的基础上，选用清远走地麻鸡，以白切鸡为主料，配以其他配料和特色味型烹制而成的一款风味菜式。取名为捞鸡，即是"齐齐捞起"——齐齐发财的意思，寓意吉祥。

原料

清远光麻鸡1只（约1250克），洋葱丝、青瓜丝、酸姜丝、红椒丝各25克，京葱丝、木耳丝、芫荽各15克，上汤2500克。

调料

鸡汁、鲜露汁、烧汁、泰鸡汁、芥辣油、生抽、花生油各适量。

制作方法

① 将清远光麻鸡去清内脏、肺及污物，用清水洗净，去掉绒毛，然后用上汤浸熟取起，随即用花生油抹匀鸡身，稍凉后手撕，用碟盛放（骨在底，肉在面），砌成鸡形。

② 把洋葱丝等配料分别排放在手撕鸡的四周。

③ 把调料中的鸡汁、鲜露汁、烧汁、泰鸡汁等各种汁盛在碗里，加入芥辣油、生抽、花生油和匀成捞鸡汁，食时淋上。

特点

色泽艳丽，
味鲜香甜，
风味独特。

技艺要领

① 选用有 180 天的走地鸡项（仔鸡）。

② 浸鸡时要用慢火浸至仅熟（其间要吊水 4~5 次，以保持鸡的内外受热均匀），至仅熟取起后迅速用冰水过冻，使鸡皮爽滑。

凤子炒牛奶

凤子炒牛奶是在粤菜名菜大良炒牛奶的基础上研究烹制的。

所谓凤，是粤菜中常用原料鸡的雅称。凤子，俗称为鸡子、鸡腰子，是雉科动物家鸡的睾丸，具有补肾壮阳、滋养肌肤的保健作用。因成菜鲜香软滑、营养丰富而广受欢迎。

特点

色泽鲜明，奶味香醇，味鲜软滑，营养丰富。

原料

鲜鸡子 100 克，腌虾仁 25 克，鲜牛奶 250 克，鸡蛋清 125 克，火腿蓉 10 克，姜汁 10 克。

调料

精盐、味精、猪油、鹰粟粉、花生油各适量。

制作方法

① 将鲜鸡子洗净，用虾眼水加入姜汁，调味后浸熟（水大滚会使鸡子爆开），取出，滤去水分。腌虾仁拉油至熟，倾入笊篱里，滤去油分。

② 把镬洗净，放入鲜牛奶慢火炼过后倒入盆里。

③ 用少量炼过的牛奶与鹰粟粉、鸡蛋清（打成液）和匀，然后下精盐、味精调味，再加入牛奶、熟虾仁、熟鸡子和匀。

④ 把镬洗净，猛火烧镬下油搪镬，下猪油烧沸，拉镬避火，倒入已拌料的牛奶、熟虾仁、熟鸡子，然后把镬端回炉上，转用慢火，用镬铲顺一个方向推炒至熟上碟，撒上火腿蓉便成。

技艺要领

① 鸡子选用新鲜的，烹时用姜汁水（虾眼水）调味，慢火浸至仅熟取起（如猛火会令鸡子爆开而影响口感）。

② 鲜牛奶要用热镬炼过，以去掉部分水分。

③ 炒时镬要洗干净，用慢火推炒至仅熟上碟堆成山形。

鸡油姜蓉蒸黄金斑

黄金斑又称金边鱼。早在 20 世纪 80 年代就从日本等地方引进并进行养殖。此后亦有养殖专家在 2014 年从南美洲引进的一款淡水黄金斑鱼，其色泽更加金黄艳丽、肉质细白而嫩、骨刺少而鱼味鲜香。在制作的菜式品种中尤以刺身、清蒸成菜为佳，以其品质鲜嫩滑、肉质晶莹剔透、清蒸成菜入口即化而深受食客的欢迎。

特点

色泽鲜明艳丽，香鲜嫩滑，入口即化。

原料

鲜活黄金斑鱼 1 条（约 750 克），鸡油 30 克，姜蓉 50 克，姜汁 15 克，花椒 2 克，葱白粒 2 克，葱白条 2 条。

调料

精盐、白糖、味精各适量。

制作方法

① 先将鲜活黄金斑鱼用刀尖从鱼鳃盖处插入，切断鳃根，随即放入清水盆里，让黄金斑在水中挣扎流血而死，取起，去鳃打鳞，然后开肚取出内脏，洗净，滤去水分。

② 把洗净的鱼放入盆里，下拍过的花椒、精盐、白糖、味精、姜汁拌匀，放在保鲜盒里，加盖放入冰柜（15℃），腌制约 36 小时取出，待自然解温。

③ 把鱼放在碟上，碟底加两条葱白垫鱼底，将姜蓉和鸡油拌匀后均匀撒在鱼面上。随即放入蒸笼，猛火蒸约 8 分钟（以熟为度），取出，去掉葱白条，撒上葱白粒便成。

技艺要领

① 蒸鱼前应用清水洗过，去掉鱼面上的咸气。

② 姜蓉加入味料（精盐、白糖、味精）调匀后再加入鸡油和匀，均匀铺在鱼面上，猛火蒸熟，保留原汁。

鲍汁扣鸭掌

鸭掌是利用下脚料制作成高档次的食材，如制作成百花酿鸭掌、蚝油鸭掌、油泡无骨鸭掌等，开创了粤菜"低菜高做"的先河。鲍汁扣鸭掌是在传承传统粤菜名菜陈皮焗鹅掌的基础上发展创新的一款菜式。

特点　色泽鲜亮，软烩香滑，味鲜香浓。

新鲜鸭脚 500 克，西兰花 150 克，姜件 3 件，葱 2 条，八角 3 颗，花椒 2 克，香叶 5 片，二汤 1 000 克。

调料

蚝油、精盐、白糖、味精、生抽、胡椒粉、绍酒、湿生粉、花生油各适量。

制作方法

① 将新鲜鸭脚剪掉趾甲，去掉脚衣，洗净捞起，滤去水分，放入盆里，下生抽拌匀后捞起滤干。八角、花椒、香叶炒过备用，西兰花洗净改切成球状。

② 猛火烧镬下油，待油温烧至五成热，放入鸭脚炸至浅红色，倾入笊篱里，滤去油分，随即放入清水盆里漂水 15 分钟捞起。

③ 烧镬下油，下姜件、葱条爆香，溅入绍酒，注入二汤，加入炒好的八角、花椒、香叶，以及蚝油调味，将鸭脚放入汤里滚过后转用汤盆盛放，放入蒸笼蒸约 2 小时（够焓身）取出，拣出鸭脚，稍凉后拆去鸭脚大骨，放入码碗里排放好，加入原汁，再入蒸笼回蒸 10 分钟取出，随即复盖在碟上，倒出原汁，取起码碗。

④ 西兰花灼熟后围拌于鸭掌周围。

⑤ 烧镬下油，加入原汁，用精盐、白糖、味精调味，撒上胡椒粉，用湿生粉打芡，加入包尾油和匀淋在鸭掌上便成。

技艺要领

① 鸭掌着色前不能飞水，因飞水后鸭掌不易着色。

② 炸过的鸭掌要放入盆里用清水浸漂，使鸭掌在烹熟后焓滑而容易离骨。

③ 八角、花椒、香叶等香料要炒过。

玫瑰豉油鸡

鸡是人们日常用得最多的家禽原料，也是人们最常用且最受欢迎的健康营养滋补食品。鸡在粤菜中的烹调方法可谓多姿多彩，层出不穷，千变万化，除了炖、蒸、炆、炒、焗、煲、煎之外，还有以名贵中药材与鸡同烹制且别具风味的鸡菜品种。而粤菜中的传统名菜玫瑰豉油鸡便是其中之一。

原料

嫩肥光鸡项 1 只（约 1 250 克），干葱头 15 克，拍姜 10 克，拍蒜 5 克，葱 2 条，八角 3 粒，花椒 2 克，香叶 2 克，桂皮 2 克，甘草 2 克，草果 2 粒，玫瑰露酒 40 克，上汤 1 500 克。

调料

精盐、冰糖、红糖、生抽、老抽、蜜糖、花生油各适量。

制作方法

① 先将八角、花椒、香叶、桂皮、甘草、草果等香料炒过，备用。起镬下油，放入干葱头、拍姜蒜、葱条炸过，滤去油分即为料头，备用。

② 将嫩肥光鸡项洗净，去掉内脏、肺、喉管，然后烧滚水烫过，放入清水盆里，去清皮泥。

③ 取汤锅一个，洗净后注入上汤，加入香料和炸过的料头，加盖，猛火烧滚片刻，使香料、料头出味，然后加入生抽、冰糖、红糖、精盐调味，用老抽调色成精卤水。再将卤水烧至 95℃，手执鸡头，放入卤水中沉吊三下，然后放入卤水中慢火浸，每 3 分钟用筷子或鸡钩吊水，整个浸鸡过程吊水 5 次（使鸡内外受热温度均衡）。当鸡浸至五成熟时加入玫瑰露酒，然后再慢火浸至仅熟时加入蜜糖盖好，熄火浸约 10 分钟取起。

④ 待鸡凉后用花生油抹匀鸡身，斩件上碟，砌回鸡形，上台时淋上原汁便成。

特点

色泽金红鲜亮，

味鲜香甜，

鸡肉嫩滑而骨有味。

技艺要领

① 香料要炒过，料头要炸过，然后再制成卤水汁，
使卤水汁具有香料的芳香气味。

② 浸鸡时要用慢火，其间注重吊水，以保持鸡在
浸制时内外受热均匀。

③ 玫瑰露酒在浸鸡至五成熟时加入，以增香气。

串烧罗氏虾

罗氏虾，又名罗氏沼虾，亦称为白脚虾、马来西亚大虾、金钱虾、万氏对虾等，素有淡水虾王之称，是目前世界上养殖量最高的三大虾种之一。罗氏虾壳薄体肥，肉质鲜嫩，味道鲜美，营养丰富，还具有通乳抗毒、养血固精、化瘀解毒、益气滋阳、通络止痛、开胃化痰的食疗保健作用，深受食客喜爱。

原料

鲜活罗氏虾 12 只（约 750 克），西红柿沙司 50 克，喼汁 15 克，橙汁 10 克，蒜蓉 2 克。

调料

精盐、白糖、绍酒、湿生粉、花生油各适量。

制作方法

1. 将鲜活罗氏虾用剪刀剪去虾枪、虾须、虾脚，然后在肚部尾端往头部剀一刀，放入盆里，下精盐拌匀，腌制约 10 分钟后取起，用竹扦从虾背尾端往头部穿入，然后用滚水飞水，捞起，滤去水分。

2. 猛火烧镬下油，待油温烧至八成热，将虾放入油镬里稍炸至熟，快速捞起，滤去油分，然后排放在碟上（呈扇形）。

3. 烧镬下油，下蒜蓉略爆，溅入绍酒，注入清水，加入西红柿沙司、喼汁、橙汁，用精盐、白糖调味，用湿生粉打芡，下包尾油和匀淋在虾面上便成。

① 选用大只鲜活罗氏虾，剪虾剔肚后下精盐捞匀，腌制约 10 分钟，目的是使虾入味。

② 炸虾前要用滚水将虾飞水，使炸出的虾色泽明亮。

③ 炸虾的油温在 250~260℃，将虾放入油镬后浮身、有似空壳的现象时迅速捞起。

特点

色泽鲜艳，
美味可口，
营养丰富。

茄汁焗大虾

茄酱，又称为西红柿酱，最初用于西餐的烹调，后逐渐被中餐调味所用，形成了粤菜独有的以西红柿酱为调味料的"茄汁"菜式系列。粤菜用茄酱制作的菜式中，应用最广泛、最受大众欢迎且最有特色的菜式莫过于茄汁焗大虾。这款菜式既有西红柿的酸甜，又有大虾的鲜香，营养丰富，老少咸宜，是一款低脂肪、高蛋白的营养膳食菜品。

特点

色泽红艳明亮，酸甜可口。

原料

剪净大虾 500 克，西红柿酱 25 克，噶汁 5 克，上汤 50 克，蒜蓉 2 克，姜米 2 克。

调料

精盐、白糖、绍酒、花生油各适量。

制作方法

① 先把西红柿酱、噶汁加入上汤和匀，用精盐、白糖调味成茄汁备用。

② 把剪净大虾洗净后放入盆里，加入精盐拌匀后腌制约 10 分钟，然后用滚水稍滚，倾入笊篱里，滤去水分。

③ 猛火烧镬下油，拉镬避火，放入大虾，即转用慢火把虾煎至两面呈金红色（至熟）取起，滤去油分。

④ 烧镬下油，下蒜蓉、姜米略爆，加入煎虾，溅入绍酒，注入调好的茄汁，猛火收汁，最后加入包尾油炒匀上碟便成。

技艺要领

① 将西红柿酱调入噶汁，使两者结合形成茄汁的复合味，使菜式别有风味。

② 虾要选用鲜活九节虾，把虾剪好后用精盐拌匀腌制约 10 分钟，使九节虾入味。

③ 注意控制收汁的火候和时间。

田园添锦绣

田园添锦绣是用佛山市三水区大塘镇盛产且享誉盛名的大塘黑皮冬瓜制作的一款菜式。田园添锦绣除将黑皮冬瓜作为主料外，还配以鲜虾仁、菇菌、菜远（菜心最嫩的部分）等为辅料，成菜色泽鲜明，清香味醇，造型美观，鲜嫩爽口，实为健康养生长寿之菜式精华。

特点

色泽鲜明，清香味醇，爽滑可口。

原料

黑皮冬瓜 1500 克，鲜虾仁 150 克，湿菇菌 150 克，菜远 100 克，鲜姜 10 克，蒜蓉 2 克，姜片 2 克，葱 2 条，上汤 250 克，二汤 750 克。

调料

精盐、白糖、味精、胡椒粉、绍酒、湿生粉、芝麻油、花生油各适量。

制作方法

① 将黑皮冬瓜去皮、瓤，改切成大圆形，然后用小刀挖去中间瓜肉，成锅盖形，用清水洗净，随即烧镬下油，下姜葱爆香，溅入绍酒，注入二汤，烧滚后放入冬瓜滚煨，然后转用慢火浸至熟，取起，滤去水分。

② 菜远洗净后煸炒至熟取起，滤去水分。

③ 将湿菇菌切成件状，洗净后用姜葱水滚煨过后捞起，滤去水分。

④ 猛火烧镬下油，将鲜虾仁放入油镬中拉油至仅熟，倾入笊篱里，滤去油分。随即把镬端回炉上，下蒜蓉、姜片略爆，溅入绍酒，注入上汤，烧滚后加入虾仁、菇菌件，用精盐、白糖、味精调味，撒上胡椒粉，用湿生粉打芡和匀后放入已熟冬瓜盖中间，然后用碟复转，熟菜远拼摆在两边。

⑤ 烧镬下油，溅入绍酒，注入上汤，用精盐、白糖、味精调味，用湿生粉打芡，再加入芝麻油，包尾油和匀，淋上瓜面便成。

技艺要领

① 干货类的菇菌要预先浸泡，然后清洗干净，用姜葱水滚煨，去除异味。

② 冬瓜改切好后，先拉油，后用二汤加姜葱滚煨至五成熟后加盖熄火，利用汤水的温度浸至仅熟，用时再捞起。

虎门蛋蒸蟹

虎门蛋蒸蟹，也称为虎门蒸蟹饼。虎门蛋蒸蟹是一款有着悠久历史且以疍家菜（渔家菜）为传统代表的坊间地道特色菜（以东莞虎门疍家菜为主）。该菜式主料以活蟹、半肥瘦猪肉、鲜鸡蛋为主料，配以薄荷叶、葱、蒜等烹制而成。虽说是蛋蒸蟹（蟹饼），但其主料却是用半肥瘦猪肉拌成的肉馅与蟹、鸡蛋、薄荷的配料融合，使其呈现出既有肉馅吸收蟹汁的醇厚，又有薄荷的清香味，且营养丰富，实为虎门疍家菜的特色。

原料

鲜活花蟹2只（约250克），半肥瘦猪肉150克，鲜鸡蛋4只，薄荷叶15克，葱白粒2克，蒜蓉2克。

调料

精盐、白糖、胡椒粉、花生油各适量。

制作方法

① 把鲜活花蟹宰净，去掉蟹鳃及污物，然后斩成蟹件（留盖），排放在碟上。

② 半肥瘦猪肉去皮洗净，切粒后剁碎，下精盐、白糖拌匀后用力挞至起胶，成猪肉馅待用。薄荷叶洗净后剁碎。

③ 鲜鸡蛋去壳放入盒里，加入精盐、花生油打匀成蛋液，加入猪肉馅、薄荷碎、蒜蓉、胡椒粉，拌匀后淋在盛蟹的碟上，蟹盖盖在上面，然后放入蒸笼，加盖蒸约20分钟（以蟹熟为度）取起，撒上葱白粒便成。

技艺要领

① 花蟹要鲜活，现宰现烹。

② 薄荷叶要新鲜，才能有特殊风味。

佛山柱侯鸡

相传200多年前的一次佛山庙会，当时已到晚上，有几位客人到一间名为三品楼的食肆吃饭，老板告知他们，由于生意火爆，食物已卖完，只剩下两只毛鸡，然后征询客人意见。客人说可以，但不吃白切鸡，要食其他味道的。当时老板为难了，因该店经营的是白切鸡。此时厨师梁柱侯为老板解围说可以！于是梁柱侯回厨房马上宰鸡，然后用炆牛腩汁、黄豆磨豉（面豉）、姜、葱、蒜、干葱头等原料，用焗的烹调方法把鸡制作给客人品尝，客人大赞，该店老板就把此款菜式称为柱侯鸡。后来老板将梁柱侯制鸡的原料制成酱，以方便客人在家也能制作柱侯鸡。

特点

色泽鲜明，味鲜香浓嫩滑。

宰净走地光鸡1只(约1250克),炆牛腩汁750克,黄豆磨豉酱(面豉酱)50克,干葱头25克,姜件2件,葱条2条,蒜蓉5克,二汤1250克。

精盐、黄片糖、味精、绍酒、老抽、湿生粉、花生油各适量。

制作方法

① 将宰净走地光鸡内脏去除,挖掉肺,洗净,用干毛巾抹干水分。

② 烧镬下油,放入蒜蓉、姜件、葱条、干葱头（料头）略爆香,再放入黄豆磨豉酱爆香,溅入绍酒,注入炆牛腩汁、二汤,然后加盖烧滚,烧滚后再滚约2分钟,待原料出味,然后转用中火。

③ 用手执着鸡头,把光鸡放入镬里,提吊两三次,放下鸡头,转用慢火（温度最好控制在95℃）,用精盐、黄片糖、味精调味,加老抽调色。在焗鸡过程中要注意每隔2~3分钟吊水一次,以保持鸡的内外受热温度保持一致。在整鸡刚熟时关火再浸约3分钟取起,随即用花生油抹匀整鸡。

④ 待整鸡稍凉冻后斩鸡（砌成鸡形）上碟,用原汁、湿生粉打上琉璃芡,加入包尾油和匀淋上便成。

技艺要领

① 炆牛腩汁、黄豆磨豉酱及料头组合成柱侯鸡的风味与特色。

② 黄豆磨豉酱要炒过,才能发挥其香气。

③ 焗鸡时用慢火。

柱侯乳鸽

柱侯乳鸽是佛山传统名菜，距今已有200多年的历史。相传200多年前，佛山柱侯鸡的创始人梁柱侯（佛山三品楼厨师）烹制的柱侯鸡已远近闻名，他想到佛山人喜欢食乳鸽，能否用制作柱侯鸡的方法制作乳鸽，使乳鸽也成为一款风味独特的菜式？于是他在制作柱侯鸡的基础上用上等原油磨豉（面豉）再加入上汤、炆牛腩汁等调料将乳鸽烹熟，然后以原汁调味后加入湿淀粉勾芡淋上。该菜式因是由梁柱侯所创制，故亦称为柱侯乳鸽。

特点

色泽鲜明，
肉质嫩滑，
豉味甘香，
味鲜可口，
营养滋补。

光乳鸽2只（约1 500克），
原油磨豉（面豉）75克，姜件
3件，干葱头（红葱头）10克，
拍蒜5克，炆牛腩汁250克，
上汤750克。

调料

精盐、黑糖、绍酒、老抽、湿淀粉、
猪油、芝麻油各适量。

制作方法

① 把光乳鸽洗净，在乳鸽的下腹部横开一刀，然后挖清内脏，把乳鸽双脚撑入尾部。

② 洗净砂锅，猛火烧热后下猪油，待猪油烧热后放入姜件、拍蒜、干葱头爆香，再下
面豉爆香，溅入绍酒，注入上汤、炆牛腩汁，加盖盖好，猛火烧滚后用精盐、黑糖
调味。然后放入乳鸽，随即转用慢火浸约20分钟（在浸期间需将乳鸽提起吊汁三四次，
以保持乳鸽在加热过程中里外受热均匀）至熟取起，用盆盛放，待乳鸽稍凉后斩件
装盘，砌成鸽形。

③ 将原汁煮沸后用湿淀粉勾芡，下老抽调色，再放入包尾油、芝麻油和匀淋在乳鸽面
上便成。

技艺要领

① 选用重量在400克以上的肉肥光乳鸽，以确保乳鸽的口感与质量。

② 烹制过程中要注意吊水，使乳鸽内外受热均匀，且以仅熟为度，过熟会收身。

紫苏炒田螺

田螺因其肉嫩味美、营养丰富、风味独特，被誉为"盘中明珠"。在南（南海）、番（番禺）、顺（顺德）一带曾有民谚云："清明螺，抵只鹅。"每逢中秋节前后的田螺壳薄肉厚、嫩滑甘美、清甜爽脆，有"三月田螺满肚仔，入秋田螺最肥美"之说，故在秋冬季节食用田螺最为适宜。

据我国的药学记载：田螺味甘、性寒、去湿、清热解毒、利水、通肠，是健康的食疗食材。相传古城佛山人喜好食田螺，而且用紫苏、蒜头、豆豉炒为最，且在每年中秋赏月食田螺还有富贵而明目之说。

特点

色泽油亮，味鲜香浓，螺肉爽口。

鲜活田螺 500 克，鲜紫苏叶 (洗净后切成丝)15 克，蒜蓉 5 克，姜蓉 5 克，原粒豆豉 10 克

精盐、白糖、绍酒、老抽、胡椒粉、湿生粉、花生油各适量

① 将鲜活田螺放入盆里，注入清水养两天，其间最好放入一把菜刀，使田螺能在菜刀上黏附而吐出污物；每天需换水二次，每次换水时要轻手搅动田螺，清洗水中污物；第二天换最后一次水时加入几滴花生油，让田螺在吸入花生油后更容易吐清污物。最后用手抓田螺笃尾，再用清水洗净捞起，滤干水分。

② 把洗净的田螺放入盆内，加入少许精盐拌匀，腌制约 15 分钟，使田螺入味；然后用滚水稍微飞水后捞起，滤去水分。

③ 猛火烧镬下油，下蒜蓉、姜蓉、原粒豆豉略爆香，加入鲜紫苏叶丝炒匀至香，倾入田螺炒匀，溅入绍酒，注入清水，然后加盖猛火焗熟，用精盐、白糖调味，撒上胡椒粉，用湿生粉打芡，加入包尾油、老抽和匀上碟便成。

① 田螺要养过，最好养一两天，以去清螺内小螺及潺液。

② 田螺笃尾后要下精盐拌匀腌制 15 分钟入味，烹时滚水烫过。

③ 控制火候，过熟则螺肉不爽而变韧。

紫洞艇焗蟹

"紫洞艇"是明末清初南海南庄紫洞乡人麦耀千请人制造的，在"紫洞艇"上设有厨房是富豪人家专门接待达官贵人，艇上制作的菜式也被称为"船菜"。然而，船菜的制作却不在于"富丽豪华"，而在于就地取材、力求新鲜，以及对有限的材料精细利用，别出心裁，独具风味。船菜之紫洞艇焗蟹便是经典，取即捕江蟹配以姜葱、原粒豆豉，现宰现煮现食，体现出"紫洞艇"船菜之风味特点。

原料

宰净江蟹 500 克，炒原粒豆豉 15 克，姜片 15 克，葱白段 20 克。

调料

精盐、白糖、绍酒、胡椒粉、湿生粉、芝麻油、花生油各适量。

制作方法

① 把宰净江蟹斩件，洗净捞起，滤去水分，姜片用油炸过。

② 烧镬下油，待油温烧至四成热，放入蟹件拉油至五成熟，倾入笊篱里，滤去油分。

③ 把镬放回炉上，下姜片、原粒豆豉略炒香，放入蟹件，炒匀，溅入绍酒、注入适量清水，加盖猛火焗熟，用精盐、白糖调味，撒上胡椒粉，加入葱白段，用湿生粉勾芡，加入芝麻油、包尾油和匀上碟便成。

特点

蟹色鲜红，
鲜甜香浓。

技艺要领

① 蟹要鲜活，现宰现烹，确保蟹的鲜味。

② 豆豉要用镬炒过，才能突显豆豉的芳香气味。

柱侯水鱼

传统粤菜中的柱侯水鱼是使用佛山著名柱侯酱所烹制。柱侯酱（亦有人称为面豉酱），是由古城佛山三品楼厨师梁柱侯创制，从最初时的原料，面豉、炆牛腩汁或牛杂汁、干葱头，以及八角、花椒等其他香料融合制成，主要用于烹饪鸡(佛山著名的柱侯鸡)、牛、鸭、鹅、猪等禽畜肉类。柱侯酱以其香浓入味、咸甜适口，味道调和形成了粤菜烹饪别有风味的调味佳品。对佛山人来说：用佛山柱侯酱烹制的各款不同的菜式，统称为柱侯菜。

特点

色泽鲜亮，味鲜肉滑，豉味香浓。

原料

鲜活水鱼1只（800~1 000克），火腩150克，煨冬菇50克，炸扣蒜子75克，湿陈皮丝2克，姜件2件，葱2条，蒜蓉2克，姜片15克，上汤400克。

调料

柱侯酱、精盐、白糖、味精、绍酒、胡椒粉、老抽、生粉、湿生粉、花生油各适量。

① 将鲜活水鱼平放在砧板上，用左手掌心稍压水鱼背部，待水鱼头部伸出，右手执刀迅速斩在水鱼头（注意不要斩断），然后顺势拉出水鱼头，再迅速用左手紧执水鱼颈部，往外拉出颈部，随即右手执刀用刀背往水鱼颈猛捶一下，再用刀从水鱼两肩和硬壳之间处下刀，斩断肩骨和颈骨，然后手执水鱼盖往上掀起，取出内脏，挖出肺部，放入盆里，用约95℃的热水烫过，然后去掉外衣、黄膏油，洗净血污，滤去水分。

② 将水鱼壳用滚水烫过后退出水鱼裙（裙斩件，壳原只留用），然后将水鱼身斩件，把水鱼指、脚尖斩掉，飞水洗净，火腩切成小方块状。

③ 烧镬下油，下姜件、葱爆香后下水鱼件炒匀，溅入绍酒再炒匀，倾入笊篱里，滤去水分，去掉姜葱。然后把水鱼件放入清水盆里洗净捞起，滤去水分。

④ 把水鱼件撒上生粉抛匀，随即猛火烧镬下油，待油温烧至四成热，放入水鱼件拉油后倾入笊篱里，滤去油分。

⑤ 烧镬下油，下蒜蓉、姜片略爆香，加入柱侯酱铲匀至香后放入水鱼件、火腩件、煨冬菇、炸扣蒜子，溅入绍酒炒匀，注入上汤，放入水鱼盖，加盖烧滚后用柱侯酱、精盐、白糖、味精调味，撒上胡椒粉用湿生粉打芡，加入老抽调色，下包尾油和匀上碟（水鱼盖盖在上面）便成。

技艺要领

① 水鱼要鲜活，现宰现烹，确保水鱼口感和质量。

② 水鱼宰杀后要用虾眼水烫过，去掉水鱼皮衣和膏油，否则会有腥味。

③ 控制炆制火候，掌握水鱼的成熟度，以仅熟为好。

竹呦炖瘦肉

竹呦（又称为竹远、竹芯），有清热、治感冒和消暑功效。自古以来，民间常用竹呦煲水或煲汤，有消暑祛湿、清心润肺、清热除烦、利尿通淋的作用，是民间食疗汤水的验方。

特点

汤色清醇，味甘凉，鲜甜可口。

鲜竹呎100克，猪瘦肉500克，江珧柱25克，蜜枣1枚，姜件2件。

调料

精盐、白糖、绍酒、胡椒粉、湿生粉、芝麻油、花生油各适量。

制作方法

① 把鲜竹呎用滚水稍滚（加一点花生油，保持竹呎色泽），然后放入清水盆里洗净，捞起，滤去水分，放入炖盅里。

② 猪瘦肉切成手指头般大的粒状，飞水后连同江珧柱、蜜枣、姜件一齐放入炖盅里，下绍酒加盖放入蒸笼炖约3小时后取出，用精盐、白糖、胡椒粉等调料调味，再复盖回蒸笼炖20分钟便成。

技艺要领

① 竹呎要用新鲜的，最好是早上采摘的（称为雾水竹呎，质量最好）。

② 竹呎烹制前用滚水飞水，以去除腥味。

③ 猪瘦肉切粒后飞水，以去除杂味及保证汤色的清纯。

绉纱圆蹄

所谓圆蹄，其实是指猪的脚（蹄）和小腿，而猪蹄在古代又俗称为圆蹄，其寓意为升官发财和金榜题名。酱猪蹄这款名菜流传至广东佛山后，佛山的历代厨师在酱猪蹄传统制作的基础上，融合粤菜烹饪的风格特点，结合佛山人的饮食口味和习俗，加以改良和发展，制作出一款色、香、味俱全的菜式。此菜制作工艺独特，皮绉如纱，内嫩香鲜焾滑，故名曰绉纱圆蹄，同时亦有人把这款菜式称为阖家团圆。此菜式一直是佛山人举办喜事之筵席首选菜式。

特点

色泽金红，
皮爽肉嫩滑，
肥甘可口，
营养丰富。

原料

带皮猪后蹄肉 1 000 克，改净生菜胆 250 克，拍姜 10 克，生葱 2 条，上汤 1 000 克，花椒 3 克，八角 3 颗，桂皮 5 克，香叶 2 克。

调料

精盐、味精、白糖、老抽、绍酒、湿生粉、芝麻油、花生油各适量。

制作方法

① 将带皮猪后蹄肉改切成圆形，用火烧去猪毛，放入清水盆里洗刮干净，然后放入瓦煲里，注入清水（以浸过猪肉面为度），加盖猛火烧滚后转用中火煲至七成烩捞起，趁热用老抽涂匀猪皮，随即用钢针在猪皮均匀插针。

② 猛火烧镬下油，待油温烧至八成热，放下猪肉（皮朝下），炸至大红色捞起，迅速放入冷水盆内漂冻（约 5 分钟），以去清油污，捞起，滤去水分。

③ 把猪肉放入盆里（猪皮朝下），注入上汤，用精盐、味精、白糖调味，随即把花椒、八角、桂皮、香叶等香料洗净连同姜葱放入盆里，加入绍酒，老抽调匀后放入蒸笼猛火蒸至够烩身取出，放至碟上（皮向上）。

④ 烧镬下油，下洗净生菜胆煸炒至熟，倾入笊篱里，滤去水分，随即排放在已上碟的猪肉四周。

⑤ 烧镬下油，溅入绍酒，注入原汁，用精盐、味精、白糖调味（调味时加入老抽，调成红汁），用湿生粉打芡，随后加入芝麻油、包尾油和匀淋在猪肉上便成。

技艺要领

① 炸圆蹄的油温必须掌握在 240℃ 左右，炸过后随即放入冷水盆漂过，才能起绉纱皮。

② 掌握扣炖时间和火候，以仅烩身为度。

原味蒸桂鱼

桂鱼，学名鳜鱼，又称为桂花鱼、花鲫鱼。桂鱼属淡水鱼类，因其肉质优良，刺小肉厚，实为名贵鱼类品种，有着"淡水老鼠斑"之雅称，也是粤菜十大名河鲜之一。每年3月是桂鱼最为肥美的季节（尤以佛山三水的西江、北江和顺德甘竹滩的质量最好），有着"桃花流水鳜鱼肥"之美誉。桂鱼的营养价值非常高，据相关资料介绍：桂鱼含有丰富的蛋白质，人体必需的镁、钙、磷等元素，对人体的消化道和肠胃功能有着非常好的调理作用。

原味蒸桂鱼是佛山坊间的家常做法，意思是取其活鲜原料，即宰即蒸，不使用其他酱料，只用油、盐的制作方法，食出原料的原味和美味。

特点

色泽鲜明，
鲜香嫩滑，
原汁原味。

鲜活桂鱼 1 条（约 750 克），
葱白丝 25 克，葱条 2 条。

调料

精盐、花生油各适量。

制作方法

① 用刀在鲜活桂鱼鳃下方刺一刀，然后放入水盆里，让其流血至死后打鳞，在肛门口剜一刀，再用筷子从鳃部插入鱼肚内，扭鳃取出鱼内脏，然后洗净，用干洁毛巾抹干鱼身，再用精盐擦匀全身，放在鱼碟上，在底部两端放上葱条垫底。葱白丝用清水浸过后取起，搓干水分。

② 把鱼放入已烧滚水的蒸笼里，加盖后猛火蒸约 8 分钟取出，撒上葱白丝，溅上滚油便成（蒸鱼汁不能倒掉）。

技艺要领

① 桂花鱼要鲜活，现宰现蒸。

② 鱼身蒸前用精盐抹匀后腌制 5 分钟，在碟底垫上生葱条，再把鱼放在葱条上入蒸笼猛火蒸至仅熟。

③ 把鱼取出，保留原汁，在鱼面撒上葱白丝后要溅上滚油，增加蒸鱼香气。

鸳鸯剁椒蒸鱼头

剁椒蒸鱼头是湘菜（湖南菜）的一款传统美食，它以剁辣椒的咸和辣渗入鱼头，以色泽红亮、鲜辣味浓、香鲜嫩滑为主。而鸳鸯剁椒蒸鱼头是在学习和借鉴湘菜剁椒蒸鱼头的基础上，结合本地饮食习惯对辣、浓味进行改良：以本地带微辣的红菜椒自制剁椒，加以黄色小米椒呈鸳鸯剁椒的做法，使该菜呈微辣，突出香、清、鲜、嫩滑的粤菜特点，广受坊间食众的欢迎。

原料

新鲜大鳙鱼头1个（约重1 250克），大红菜椒200克，小米泡椒（黄椒）75克，蒜蓉15克，姜蓉30克，葱白粒5克。

调料

精盐、味精、生粉、芝麻油、花生油各适量。

制作方法

① 把大红菜椒洗净，放在砧板上用刀拍烂，然后剁成粒状，盛在碗里，加入蒜蓉、精盐、芝麻油和匀后腌制约1小时，备用。小米泡椒剁成椒粒后盛在碗里，加入芝麻油和匀备用。

② 将新鲜大鳙鱼头用刀斩开两边（底部不要斩断），去掉鱼鳃、鱼云里杂质，用清水洗净后用干洁毛巾吸干水分，加入精盐、味精生粉拌匀后排放在碟中；将姜蓉挤出姜汁淋在鱼头上，再加入精盐抹匀鱼头，然后淋上花生油，再把姜蓉撒在鱼头上，最后把黄、红剁椒分别排放在鱼头两边，随即放入蒸笼，猛火蒸熟取出，撒上葱白粒便成。

① 鳙鱼头（大鱼头）一定要用新鲜的，在清洗时注意去掉鱼牙及挖除鱼云下的鱼屎。

② 辣椒切粒后要用味料拌匀腌制约 1 小时，使椒粒入味。

③ 蒸鱼头前要用精盐和姜汁抹匀，以去除腥味及使鱼头入味。猛火蒸熟取出后溅上滚油，以增加香气。

特点

色泽鲜明艳丽，味鲜清香，微辣可口。

星洲泡海鲩

　　鲩鱼又名草鱼，是广东省淡水养殖鱼类中的"四大家鱼"之一。鲩鱼又分为自然生态的江河鲩（俗称野生鲩、白鲩）和鱼塘养殖的鱼塘鲩（青鲩）。现时不少鲩鱼养殖场把在鱼塘养殖的鲩鱼投放到有江河水的活水（生水）流域进行吊养一段时间后也俗称为吊水海鲩。吊水海鲩因其肉质结实而清鲜甜，已成为粤菜做鱼生（刺身）的优质食材。星洲泡海鲩，是学习和借鉴新加坡名菜泡笋壳鱼的制作方法，应用本地的健康食材进行改良制作的一款菜式。

特点

造型美观，
外酥香内嫩滑，
味鲜香甜。

原料

鲜活海鲩 1 条（约 1 250 克），葱白丝 10 克，红椒丝 5 克，上汤 150 克。

调料

生抽、味精、白糖、花生油各适量。

制作方法

① 将鲜活海鲩放血，打鳞，开肚去掉内脏，挖去鱼鳃，去掉鱼牙和刮净肚皮黑膜，然后用刀在胸骨两边分别从鱼头至鱼尾上端剐一刀（要贴着胸骨剐，且不能剐得太深），然后洗净，将鱼反趴在碟上，下生抽将鱼身抹匀。

② 将上汤、生抽、白糖、味精调匀，煮滚后用碗盛放。葱白丝和红椒丝用清水浸过后搓干水分。

③ 猛火烧镬下油，待油温烧至七成热，然后用手执着鱼腩两边放入油镬中，随即右手执镬铲插放在鱼中间（使鱼头和鱼尾朝上），拉镬避火，炸浸至鱼刚熟，用镬铲捞起放在碟上，把葱白丝、红椒丝撒在鱼面上，调好的生抽在碟边淋上，最后溅入滚油在鱼面上便成。

技艺要领

① 选用鲜活吊水海鲩，现宰现烹，保证原料新鲜。

② 鲩鱼改刀后用生抽抹匀鱼身，然后再下油镬浸炸至仅熟取起（如用老抽抹鱼身则色泽变黑）。

③ 佐味豉油调法：生抽和上汤各一份，加入适量白糖、味精和匀后用镬煮滚即可。

蟹黄滑豆腐

俗语云"秋风起，蟹黄肥""九雌十雄"，意思是说每年的农历九月至十一月是品蟹的最佳季节。蟹有母蟹与公蟹之分，母蟹出产蟹黄，而公蟹则出产蟹膏。蟹黄呈橘黄色，味道鲜美，清香嫩滑，素有"海中黄金"之美称。蟹黄富含人体必需的多种微量元素，具有补虚，养筋活血，清热解毒和提高人体免疫力的功效和作用。蟹黄滑豆腐中的豆腐是植物蛋白最为丰富的食物原料，而蟹黄则是动物蛋白最为丰富的食物原料，两者融合，不但口感好，而且含有丰富的氨基酸。

原料

蟹黄50克，豆腐2件(约重250克)，姜件2件，葱段1条。

调料

精盐、白糖、绍酒、湿生粉、花生油各适量。

制作方法

① 先把豆腐切成手指头般大的四方粒形，烧镬下油，放入姜件、葱段爆香，溅入绍酒，注入清水烧滚，放入豆腐滚煨，待姜、葱出味后去掉。

② 把蟹黄放入滚煨的豆腐中滚至熟，然后用精盐、白糖调味，再用湿生粉埋芡，最后加入包尾油和匀便成。

技艺要领

① 豆腐去掉硬皮后切小方粒，需用淡盐水浸 1 小时，
以使豆腐入味。

② 先用姜葱汤滚煨豆腐，去掉姜葱后再加入蟹黄，然
后调味打芡上碟。

香酥龙母鱼块

龙母鱼又称为九肚鱼，学名龙头鱼，属狗母鱼科，俗称狗母鱼、虾潺、豆腐鱼、狗奶、水龙鱼等。因狗母鱼体形貌似海龙，故而有人把狗母鱼冠以龙母鱼之美称。龙母鱼肉质细滑而软嫩，味道非常鲜美，且全身只有一条主骨，属纯自然生态海鱼，营养价值颇高，且有补钙、预防骨质疏松、强健筋骨、增强体质的保健作用，已成为老少咸宜的健康食品。以龙母鱼为主材烹制的菜式相当多，但把龙母鱼起骨成肉，炸成金黄色的鱼块，香酥嫩滑，入口即化的菜式，还是粤菜师傅在传统基础上的发展和创新。

原料

龙母鱼（九肚鱼）500克，鲜鸡蛋1只，姜汁5克。

调料

精盐、味精、生粉、花生油各适量。

制作方法

① 将龙母鱼洗净后起肉，用干洁毛巾吸干水分，放入盆里，加入精盐、味精、姜汁拌匀，再下鸡蛋黄拌匀，然后拍上生粉。

② 猛火烧镬下油，待油温烧至五成热，将鱼件逐件放入油镬里，炸至硬身呈金黄色捞起，稍凉后再放入油镬翻炸片刻（至硬身），倾入笊篱里，滤去油分，然后排放在碟上便成（上台时淮盐、噲汁跟上）。

色泽金黄，
香酥嫩滑，
味鲜可口。

技艺要领

① 龙母鱼是先清洗后起肉。

② 鱼肉上味、拍上生粉后随即进行炸制，避免鱼肉出水而影响成品效果。

香茅焗乳鸽

乳鸽的营养价值和食疗功效一向被视为人体进补之首选，故民间素有"一鸽胜九鸡"之美誉，亦有"宁食天上四两，不食地下半斤"的说法。香茅焗乳鸽，正是利用乳鸽具有滋补肝肾、补气血的作用和香茅的疏风解表、祛瘀通络的作用，两者同烹入菜，可谓是药食同源，相得益彰的健康食品。

特点

色泽金红，皮脆肉滑，甘香鲜美。

光乳鸽 1 只（约 400 克），
鲜香茅 25 克，鸡蛋清 1 只。

精盐、白糖、味精、湿
生粉、花生油各适量。

制作方法

① 将光乳鸽去清绒毛，挖清内脏（尤其是肺），洗净后抹干水分。鲜香茅
洗净后剁碎再打成香茅汁，放入盆里，加入乳鸽和精盐、白糖、味精搓
匀，腌制约 3 小时取起。将鸡蛋清放入碗里打匀，再加入湿生粉，打匀
后涂匀乳鸽身，然后用钢针刺破鸽眼，挂在通风处晾干。

② 猛火烧镬下油，待油温烧至四成热，用笊篱承托住乳鸽放入油镬中，以
文火边炸、边翻动、边吊油，待乳鸽炸至呈大红色（皮脆至熟为度）捞
起，盛在笊篱里，滤去油分后随即斩件上碟，砌回乳鸽形。

③ 上席时另跟淮盐、喼汁佐食。

技艺要领

① 选用重量在 400 克以上的肉肥光鸽，以确保乳鸽的口感和质量。

② 腌制乳鸽要保持 3 小时，使乳鸽入味。

③ 上蛋清前要用湿布抹净鸽身，使皮色均匀。

香芥明虾球

明虾，又称中国明对虾、东方对虾，属节肢动物门甲壳纲十足目对虾科对虾属，与墨西哥棕虾、圭亚那白虾并称为"世界三大名虾"。明虾是自然生态的海水虾，肉质肥厚，清甜爽口而味道鲜美，且富含蛋白质，具有补肾壮阳、滋阴健胃的食疗作用。明虾还可以剥壳去头改刀成明虾球，以制作各类档次较高的菜式。香芥明虾球是选用明虾（改制成虾球）和独特的调味方式（芥辣、沙拉酱）烹制而成，也可谓是西味中烹的一种粤菜烹调技法的尝试。

特点

色泽鲜明，鲜香爽脆，风味独特。

腌好大明虾球 500 克，鸡蛋清 1 只，青芥辣 0.2 克，沙拉酱 25 克，炼奶 20 克。

调料

干生粉、花生油各适量。

制作方法

① 将青芥辣、沙拉酱、炼奶盛在碗里，加入一汤匙花生油和匀成香芥酱。

② 将腌好大明虾球放入盆里，加入干生粉拌匀，再放入打匀的蛋清拌匀，然后拍上干生粉。

③ 猛火烧镬下油，待油温烧至六成热，拉镬避火，将已拍粉的虾球逐只放入油镬里，把油镬端回火位，炸至金黄色，倾入笊篱里，滤去油分。随后将虾球放回镬里，加入香芥酱拌匀上碟便成。

技艺要领

① 虾球拍干粉时要均匀，否则在炸时会起"白面疯"（成品发白而不雅）。

② 炸好虾球拌香芥酱前要把镬清洗干净，以保证色泽鲜亮。

香煎皇帝鱼

皇帝鱼，又称为马来西亚苏丹鱼，2011年从马来西亚引入我国养殖的淡水鱼类，现广东珠三角地区均有养殖，并取得较好的养殖效果，于2015年开始投放市场。由于皇帝鱼味质清甜，骨刺少，鱼鳞片与鱼皮之间满含油脂，鲜味香浓，尤有"三黎鱼的风味"。皇帝鱼可刺身品尝，也可炆、煮、蒸等。但如干煎，则更能体现皇帝鱼的特殊风味。

特点

色泽金黄，味鲜香甜，外酥内嫩。

鲜活皇帝鱼1条（约1 250
克），花椒2克，姜汁5克。

精盐、白糖、味精、花
生油各适量。

制作方法

① 先将鲜活皇帝鱼在鱼头下巴（三角尖的位置）下刀，用刀尖从鳃盖插
入，切断鳃根，然后把鱼放入清水盆里，让皇帝鱼在水中挣扎流血而
死。取起，放在砧板上，起出胸鳍和腹鳍，在脊鳍下刀切开，然后紧
贴脊骨将鱼肉切离后取出脊骨，再取出内脏和鱼鳃（不要打鳞），清
洗干净。

② 把鱼放入盆里，下拍过的花椒、姜汁、精盐、白糖、味精拌匀，转
放入保温箱里，放入冰柜（15℃），腌制约36小时，取出，待自
然解温。

③ 将腌好的鱼斩为4大件。猛火烧镬下油，放入鱼件，转用慢火煎至两边
呈金黄色（至熟）取起，放在碟上便成。

技艺要领

① 煎鱼前要将腌过的皇帝鱼用清水洗过，然后再用干洁毛巾吸干水分。这
样煎鱼的色泽会更好。

② 煎皇帝鱼采用半煎炸的方法进行，要掌握火候，以仅熟为度。

香花菜鸡蛋汤

香花菜，又名留兰花、南薄荷、升阳菜，为广东民间在每年春、夏季节闷热时用以滚汤食用的一种野菜，同时还有着治感冒咳嗽、虚劳咳嗽、胃肠气胀的食疗作用。据说民间（家庭）都喜欢用香花菜煎蛋滚汤，以调理头晕、外感风邪、头痛、咽喉炎，对失眠也有不错的保健效果。

特点

清鲜香甜，风味独特。

香花菜 500 克，鲜鸡蛋 3 只，姜片 2 克。

调料

精盐、味精、花生油各适量。

制作方法

① 将香花菜摘叶，洗净备用。香花菜梗洗净后用滚水滚至出味后去掉，留汤待用。

② 鲜鸡蛋去壳放入碗里，随即打成蛋液。

③ 烧镬下油，下姜片略爆，加入香花菜叶炒至仅熟时取起，放入盆里，倒入蛋液和匀，成香花菜蛋浆。

④ 烧镬下油，放入香花菜蛋浆，煎至两面呈金黄色，溅入菜梗水，加盖猛火烧滚片刻，用精盐、味精调味上锅便成。

技艺要领

① 先把香花菜梗洗净，加入姜件煲水，待出味后隔渣倒起，增加香花菜汤的菜香味。

② 香花菜叶先炒至仅熟，再倒入蛋液里和匀，用慢火煎成香花菜蛋饼，溅入烧滚的菜梗水加盖猛火滚至淡奶白色调味。

鲜虾琼山豆腐

琼山豆腐是海南的一款传统名菜。菜式中的所谓豆腐，并非豆制品，而是以鸡蛋清作为原料烹制成菜。此菜色泽艳丽、洁白嫩滑、味鲜香爽、营养丰富，因最早由海南琼山地区厨师之创制而得其名。

原料

鲜鸡蛋清 250 克，腌虾仁 75 克，青豆仁 25 克，胡萝卜粒 15 克，蒜蓉 1 克，姜蓉 1 克，上汤 500 克。

调料

精盐、味精、绍酒、湿生粉、花生油各适量。

制作方法

① 先把鸡蛋清放入盆里，打匀成蛋白液，调味，加入与蛋液量对等的上汤和匀，上碟用慢火蒸熟。

② 将腌虾仁拉油至熟，滤去油分。青豆仁、胡萝卜粒用淡盐水滚熟后倾入笊篱里，滤去水分。

③ 烧镬下油，下蒜蓉、姜蓉略爆，加入青豆仁、胡萝卜粒炒匀，溅入绍酒，注入上汤，加入虾仁，烧滚后用精盐、味精调味，用湿生粉打芡，加入包尾油和匀淋在蛋面上便成。

技艺要领

① 腌虾仁方法：去掉虾壳后用精盐清洗干净，用食粉加清水浸腌约 2 小时，再用清水漂洗，以去除碱味。然后捞起，用干洁毛巾吸干水分，放入盆里，下精盐、味精、生粉、蛋清拌匀后入保鲜盒，再放入冰柜冷藏 2 小时便可使用。

② 鸡蛋清要加入适量花生油、精盐打匀后加入凉开水和匀上碟慢火蒸熟，使蒸蛋味鲜香滑。

③ 芡汁要推成大琉璃芡淋上。

虾春蒸肉饼

虾春（水滋）并非虾的卵子，而是一种水中浮游甲壳生物，属枝角目，颜色青褐，体积大于虾的卵子。虾春鲜香清甜，多脂可口，营养极为丰富。而古时南、番、顺一带的乡民对虾春的捕捞与嗜食，有着浓厚的地方特色和饮食习惯。虾春除了制成虾酱之外，还可与鲜猪肉蒸成肉饼，也可拌入豆腐蒸食，或作早餐白粥之佐料。除此之外，韭菜炒鲜虾春、滑蛋虾春等，因其色、鲜、味俱全，是古时佛山独具特色且营养丰富的农家食物。

特点

色泽鲜明，鲜香、爽滑、可口，营养丰富。

鲜虾春100克，猪上肉250克，
姜蓉3克，葱白粒1克。

调料

精盐、白糖、味精、绍酒、胡
椒粉、生粉、花生油各适量。

制作方法

① 先将鲜虾春放入盆里，下清水浸洗。洗时要用筷子搅动，拣去杂质，在
另一个盆里放上铺了白色洁布的密筛，将虾春连水慢慢倒在密筛的洁布
上，然后再拣清盆底沉淀杂质，用这样的方法连续清洗至虾春干净而无
杂质为止。虾春洗净过滤后将洁布四角提起，沥干水分。

② 把猪上肉去皮洗净切细粒，然后剁成肉蓉，下精盐、白糖、味精、胡椒粉、
生粉拌挞成肉胶。

③ 将洗净的虾春放入盆内，加入适量精盐、白糖、味精、胡椒粉、生粉、
绍酒、姜蓉、花生油拌匀后放入猪肉胶和匀再拌挞至起胶，然后放在碟
上（碟底先抹上花生油，以免粘底），再抹平，放入蒸笼猛火蒸熟取出，
撒上葱白粒便成。

技艺要领

① 新鲜的虾春现今已很少，现在的虾春都是用盐腌好，味很咸，故而在调
味中要掌握好。

② 此菜最好是即捞即蒸，蒸时用猛火蒸熟。

西施烩冬蓉

所谓"西施"是指漂亮或靓的意思，而冬蓉则是用新鲜冬瓜去皮、瓤后打成蓉状。这款汤羹是每年夏令季节的健康汤品。冬瓜具有清热解毒、清心除烦、利尿和美容养颜、减肥的功效，因此用冬瓜烹制而成的夏令汤品深受民间大众喜爱。

特点

汤色鲜明艳丽，味鲜清甜。

原料

新鲜冬瓜 500 克，腌虾仁 75 克，火腿蓉 10 克，鸡蛋清 1 只，姜件 2 件，葱 2 条，姜米 2 克，上汤 1 250 克。

调料

精盐、味精、胡椒粉、绍酒、湿生粉、花生油各适量。

制作方法

① 将新鲜冬瓜去皮、去瓤，洗净后打成冬瓜蓉，用盆盛放。

② 烧镬下油，下姜件、葱条爆香，溅入绍酒，加入冬瓜蓉煮至熟，倾入笊篱里，去掉姜葱，滤去水分。

③ 烧镬下油，待油温烧至四成热，放入腌虾仁拉油至熟，倾入笊篱里，滤去油分。鸡蛋清用碗盛着打匀成蛋液。

④ 烧镬下油，下姜米略爆，溅入绍酒，注入上汤，烧滚后下冬瓜蓉、虾仁，待烧滚后用精盐、味精调味，撒上胡椒粉，用湿生粉推匀，再加入鸡蛋液和匀，放上汤锅，撒上火腿蓉便成。

技艺要领

① 冬瓜打成蓉后要用姜葱爆煮（煨）过，以去除冬瓜的腥味。

② 鸡蛋清打匀后在推芡后加入，推匀成云状，色泽更加鲜明。

五柳蓑衣蛋

　　五柳蓑衣蛋是一款传统而经典的粤菜。所谓五柳，原来就是指广东民间传统的一款腌菜，是粤菜中制作五柳鱼、五柳蛋的专属配菜，又称为五柳菜。五柳菜是指用青木瓜、荞头、大肉姜（酥姜）、青瓜（茶瓜）、胡萝卜五种材料，采用白砂糖、米醋两种调料腌制而成的腌菜。五柳蓑衣蛋在佛山已有几十年历史，经佛山厨师不断研究和改良，将鸡蛋改为鸭蛋，其造型和效果都优于鸡蛋，深受佛山市民的喜爱，成为佛山的一款名菜式。

特点

色泽鲜明，造型别致，酸甜酥滑，可口醒胃。

鲜鸭蛋 8 只，五柳料 75 克，糖醋 250 克。

湿生粉、花生油各适量。

制作方法

① 将鲜鸭蛋敲开去壳，放入碗里（不要打匀），五柳料切成丝状。

② 猛火烧镬下油，待油温烧至六成热，将碗里的蛋均匀放入油中，呈蓑衣形，随即拉镬避火，浸炸至刚熟，用镬铲捞起，滤去油分，放在碟上。

③ 烧镬下油，注入糖醋，加入五柳料丝，烧滚后用湿生粉打芡，加入包尾油和匀放在炸蛋上便成。

技艺要领

① 此菜选用新鲜鸭蛋，因蛋白丰富且蛋白黏度比鸡蛋白低，在炸蛋时更容易形成蓑衣形。

② 炸蛋时的油温要控制在 180~200℃，如低于此油温则起不到蓑衣的形状，油温过高则会变焦。

③ 炸蛋时将蛋均匀撒下放入油中，待蓑衣成形后拉镬避火，转而为浸炸，待蛋浸至仅熟取起，成溏心蛋。

五彩炒鱼崧

五彩炒鱼崧是古城佛山（南海、番禺、顺德）一带具有浓厚地方风味的传统名菜。佛山因独特的地理环境，河网交错，桑基鱼塘林立，是养殖广东著名的"四大家鱼"的重要基地之一。鲮鱼，俗名土鲮、雪鲮、鲮公、花鲮，是广东"四大家鱼"之一，肉质细嫩，味鲜香甜，是民间美食优选之食材。五彩炒鱼崧便是以鲮鱼为主要原料制作的一款菜式。

原料

鲮鱼肉 250 克，湿冬菇 30 克，西芹 50 克，黄菜椒 50 克，青椒 50 克，蒜蓉 2 克，姜片 2 克。

调料

精盐、白糖、味精、胡椒粉、绍酒、干生粉、湿生粉、花生油各适量。

制作方法

① 把鲮鱼肉去皮，洗净，用干洁毛巾吸干水分，然后切成薄片再剁成蓉，放入盆里，加入精盐、白糖、味精拌匀后用力挞至起胶，加入干生粉再拌匀后再重复挞至起胶。

② 烧镬下油，将鱼胶放入镬里，用慢火煎至两边呈金黄色的鱼饼，取出，待稍凉后切成中条状。

③ 将湿冬菇、西芹、青椒、黄菜椒洗净后分别切成中条状，然后起镬煸炒至熟，倾入笊篱里，滤去水分。

④ 烧镬下油，下蒜蓉、姜片略爆香，下鱼崧炒过，加入配料，溅入绍酒炒匀，用精盐、白糖、味精调味，撒上胡椒粉，用湿生粉打芡，下包尾油炒匀上碟便成。

技艺要领

① 拌鱼胶要顺时针方向搓匀搓透，用力拌挞，不可以逆时针方向，否则鱼胶不爽滑。

② 煎鱼饼前要把镬清洗干净，然后猛火烧镬，下油搪镬后拉镬避火，放入鱼胶，做成饼状后回炉，转用慢火煎至两面呈金黄色取出切成中条状。

③ 配料要煸炒至熟，不要飞水，否则不爽甜，且影响成菜的色泽。

特点

色泽艳丽，
味鲜香甜，
鱼崧香口爽滑。

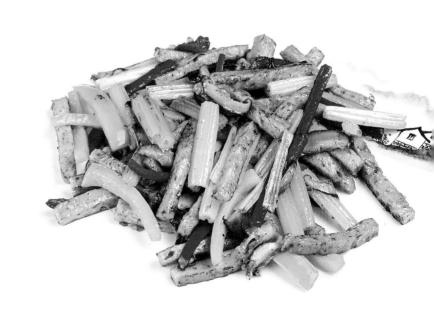

毋记煎鱼饼

　　毋记煎鱼饼是古城佛山的一款传统美食，距今已有100多年的历史。毋记是古时佛山人对年龄在40~50岁妇女的一种传统称谓。相传毋记煎鱼饼是古城佛山紫洞艇一位以打鱼为生的中年妇女（称为鱼毋）所创制。此菜式推出后引来不少食客，成为紫洞艇一款特色美食。由于煎鱼饼色泽金黄、美艳诱人，品尝时感觉到爽口弹牙、味美鲜甜，深受食客的喜爱和欢迎，故称为毋记煎鱼饼。

特点

色泽金黄，甘香味鲜，爽中带滑，营养丰富。

原料

宰净鲮鱼750克，
葱白粒20克。

调料

精盐、味精、胡椒粉、生
粉、花生油各适量。

制作方法

① 将宰净鲮鱼洗过，滤去水分，然后起肉，铲去鱼皮，用刀切成薄片，再
用刀剁成鱼蓉，放入盆里，加入精盐、味精、胡椒粉，顺时针搓匀，然
后拌挞至起胶（以手指插入鱼胶中有吸力感为度），再加入适量清水和
生粉拌匀后再拌挞至起胶，然后下葱白粒拌匀。

② 将鱼胶挤成小丸，放入镬中稍压成圆形鱼饼，然后以文火（慢火）煎至
两面呈金黄色至熟取出，排放于碟上便成。

技艺要领

① 将拌好的鱼胶馅挤成丸状，放入已扫过油的碟上，用苏壳背（扫油）将
鱼丸轻压成圆饼状，再放入镬中慢火煎至两面呈金黄色。

② 此菜的煎法是生煎法，特点是鱼饼有汁水，爽口弹牙。

陶都鸳鸯鲩鱼

陶都鸳鸯鲩鱼创制于 20 世纪 50 年代。以其在鲩鱼的烹制上突破传统的做法（鱼上半段金香酥脆，而下半段则鲜嫩细滑，清淡而不腻），使食客能在同一条鱼上品味出炸与浸两种不同的烹调方法和不同的菜品风味，成为驰誉粤港澳及海外的招牌菜式。

特点

色泽艳丽，
金香酥脆，
酸甜可口，
味鲜嫩滑。

原料

鲜活鲩鱼 1 条 (约重 1 250 克)，五柳料 75 克，鸡蛋清 1 只，葱白丝 5 克，上汤 250 克，脆浆 250 克。

调料

糖醋、精盐、白糖、味精、绍酒、胡椒粉、干生粉、湿生粉、芝麻油、花生油各适量。

制作方法

① 将鲜活鲩鱼宰杀好（放血，打鳞，开肚，去除内脏，挖去鱼鳃，去掉鱼牙，刮清黑膜），然后把鱼洗净，用干洁毛巾抹干。用刀在鱼上半段横拖几刀，拍上干生粉，然后涂上脆浆。

② 猛火烧镬下油，待油温烧至四成热，手执鱼尾，把涂上脆浆的鱼上半段放入油镬里，拉镬避火片刻，再端回炉上浸炸至金黄色（以熟为度），随即拉镬避火，支起上半段，加入适量花生油，再放入鱼下半段，转用慢火将其浸熟，然后把鱼放在碟上。

③ 烧镬下油，溅入绍酒，注入上汤，用精盐、白糖、味精调味，撒上胡椒粉，用湿生粉打芡，加入芝麻油、包尾油，鸡蛋清和匀淋在鱼下半段上面，撒上葱白丝。

④ 把镬洗净，下糖醋、五柳料，烧滚后用湿生粉打芡，加入包尾油和匀，淋在鱼上半段便成。

技艺要领

① 鲩鱼要选用鲜活的吊水鲩鱼，宰净后要用干洁毛巾吸干水分，然后在鱼上半身均匀拍上干生粉，便于与脆浆粘连。

② 脆浆的配比：低筋面粉 350 克，生粉 150 克，泡粉 20 克，精盐 6 克，清水 600 克，花生油 150 克。将上述材料捞匀后调配成脆浆，加盖静止发酵约 30 分钟后使用。

③ 炸鱼时，先将鱼上半段蘸上脆浆炸至定形（手执鱼尾），再拉镬避火，浸炸至熟，然后用镬铲把上半段支起，利用油的余温放入下半段浸熟。

④ 打芡时先打五柳芡淋上，再打蛋白芡淋上，芡可稍紧些，不可泻芡。

糖醋咕噜肉

粤菜传统名菜糖醋咕噜肉，又名古老肉，始于清代，当时在广州从商的外国人对品味粤菜情有独钟，尤其是喜欢食酸甜之类的菜式，如糖醋排骨等，但因外国人有吃肉不带骨的习惯，所以粤菜师傅想出了以肉替代排骨，将排骨改为用猪上五花肉，便称为古老肉。此菜经传入古城佛山后，由历代厨师在承传的基础上不断改良和发展，使糖醋咕噜肉成为佛山家喻户晓的传统菜式。

特点

色泽鲜亮，
香脆酥软，
酸甜可口。

去皮猪上五花肉 300 克，鲜笋件 75 克，青椒件 25 克，红椒件 25 克，高度曲酒 25 克，鸡蛋黄 1 只，蒜蓉 2 克，糖醋 250 克。

调料

精盐、干生粉、湿生粉、花生油各适量。

制作方法

① 将去皮猪上五花肉洗净后切成日字形厚件，放入盆里，下曲酒拌匀后腌制约 20 分钟，下精盐拌匀后再加入鸡蛋黄拌匀，然后下湿生粉拌匀，再在每件肉件上均匀拍上干生粉。

② 烧镬下油，待油温烧至五成热，把肉件逐件放入油镬中炸至金黄色，拉镬避火，用笊篱捞起肉件，待肉件降温后再回镬复炸后倾入笊篱里，滤去油分。

③ 烧镬下油，放入蒜蓉略爆，加入鲜笋件、青红椒件爆炒后，注入糖醋烧至微沸，下湿生粉打芡后再放入肉件炒匀，最后下包尾油和匀上碟便成。

技艺要领

① 切五花肉件要大小、厚薄均匀，以免影响成熟度。

② 肉件的腌制和上粉要按顺序进行，否则泻粉泻味或出现"白面疯"现象。

四宝凉瓜羹

凉瓜,学名苦瓜。因广东人的习俗而不喜欢苦,有说"苦瓜咁嘅口脸"或"仲苦过弟弟"的口头禅,说明了苦是广东人的忌讳,故将苦瓜称为凉瓜。

凉瓜是广东人盛夏季节优选的烹饪食材。以凉瓜入菜的烹制方法较为常见的是:炒、炆、炖、煲。近十年来粤菜师傅们还利用凉瓜苦中带甜、甜中带爽的特性,创制出名曰凉瓜刺身的夏日菜式。而四宝凉瓜羹则是夏秋季节健康汤品的首选。

特点

汤色鲜明,味鲜甘甜。

凉瓜 500 克，腌虾仁 50 克，湿冬菇粒 25 克，鸡肉粒 50 克，火腿蓉 10 克，鸡蛋清 1 只，姜米 2 克，上汤 750 克。

调料

精盐、味精、绍酒、胡椒粉、湿生粉、花生油各适量。

制作方法

① 将凉瓜切去头尾，开边去瓤，然后切成细粒，放入盆里，加入精盐拌匀腌制约 2 分钟，随即用清水洗过捞起，滤去水分。

② 腌虾仁、鸡肉粒拉油至熟，倾入笊篱里，滤去油分。湿冬菇粒用滚水滚过后滤去水分。

③ 烧镬下油，下姜米略爆，加入凉瓜粒复炒，溅入绍酒，注入上汤烧滚片刻，加入腌虾仁、鸡肉粒、湿冬菇粒稍滚，用精盐、味精调味，撒上胡椒粉，用湿生粉推芡，加入已打匀的鸡蛋清和匀后上汤锅，撒上火腿蓉便成。

技艺要领

① 凉瓜切成细粒是有口感，关键是切粒后要用精盐拌匀腌过后用清水洗过，擦干水，以去些苦味。

② 凉瓜粒要爆炒过，增加香气。

③ 鸡蛋清打匀后在推芡后加入推匀成云状，增添汤羹色彩。

四宝扒大鸭

四宝扒大鸭是一款传统粤菜菜式，也是佛山坊间在喜宴或筵席中常用的，且颇具佛山饮食文化和民风习俗的菜式之一。

四宝扒大鸭选用了地道佛山养殖的麻鸭，配以鸭肾、冬菇、虾球和鱿鱼（俗称四宝）进行烹制，彰显出菜式的气派和庄重至诚，成为佛山喜宴筵席的一款传统名菜。

特点

色泽明亮，味鲜烩滑。

原料

净光鸭1只（约重1 500克），湿冬菇75克，肾球75克，腌虾球75克，鲜鱿鱼75克，净菜远150克，姜件3件，葱条2条，蒜蓉2克，姜片2克，葱白段5克，八角2粒，花椒3克，湿陈皮3克。

调料

精盐、白糖、味精、生抽、老抽、绍酒、湿生粉、花生油各适量。

① 将净光鸭拣去绒毛，去除内脏，洗净，斩去鸭掌、鸭翅，斩嘴留朥，刺破眼球，去掉尾苏，然后在鸭背正中切十字刀口，敲断四肢骨，放入盆里，下老抽把鸭身涂匀，放入烧至六成热的油镬中炸至金红色时取出，随即放入清水盆里漂水后取起，滤去水分，成红鸭。

② 将红鸭放入炖盆里，随即烧镬下油，下姜件、葱条爆香，溅入绍酒，注入滚水，加入八角、花椒、湿陈皮、生抽，用精盐、白糖、味精调味，用老抽调色后倾入炖盆里（以浸过鸭身为度）。然后放入蒸笼猛火蒸至鸭身软熟取出，待凉后在鸭背刀口处取出鸭骨，再将鸭身（胸脯朝下）放在扣盆里，拆出的鸭骨放回鸭身内，再加入原汤浸没，然后回笼蒸热取起，倾出原汤（留用）后复盖于碟上（胸脯朝上），砌回鸭形。腌虾球、肾球、鲜鱿鱼（改切成麦穗花形）拉油至熟，倾入笊篱里，滤去油分。净菜远煸炒至熟，滤去水分后排放在鸭身两边。

③ 烧镬下油，下蒜蓉、姜片略爆香，溅入绍酒，注入原汤，下湿冬菇、虾球、肾球、鱿鱼，烧滚后用精盐、白糖、味精调味，用湿生粉打芡，下葱白段炒匀后加入包尾油和匀，扒在鸭身面上便成。

① 炸鸭前要将鸭的眼球刺破，避免炸鸭时出现安全事故。

② 炸成红鸭起镬后迅速把鸭放入水盆漂水，以去油腻。

③ 八角、花椒等香料需炒过后使用，以增加香料的香味作用。

④ 红鸭拆骨在鸭背处开拆，以保留全鸭的形状。

石湾鱼腐

据传，从前石湾有一渔家，常年以打鱼卖鱼为生计。渔家每天上午把鲜活鱼卖完后往往还剩下一些鱼，他常因此而感到闷闷不乐。有一天，渔家之子把鲮鱼宰净后两边起肉，再把鱼肉刮成鱼蓉，下精盐拌匀挞至起胶，加入些生粉、鸡蛋、清水拌匀成鱼糊状，然后用汤匙起料放入热油中浸炸至浮身，捞起上碟后品尝。发觉此做法不但色泽金黄，香气四溢，鲜香味美，而且还有似吃豆腐般的感受。渔家品尝后问儿子这是什么菜式，儿子不假思索回答说是："鱼豆腐。"后来，此菜由石湾陶都酒家厨师不断研究探索，对鱼豆腐的生产制作进行了改良和发展，成了陶都石湾一道家喻户晓的美味菜肴。

特点

色泽金黄，软滑香煴，味鲜可口。

刮净鲮鱼蓉 500 克，鲜鸡
蛋 500 克，清水 500 克。

调料

精盐 15 克，干生粉 150 克，
花生油适量。

制作方法

① 把刮净鲮鱼蓉放入盆内，加入精盐拌匀后拌挞至起胶。

② 将干生粉与清水拌匀后分三次加入鱼胶内拌匀。

③ 鲜鸡蛋去壳放入盆内，分三次拌入鱼胶内，每次都需要拌至起胶状。

④ 猛火烧镬下花生油，待油温烧至 120℃左右，随即端镬离火位，用汤
匙把拌打好的鱼胶（以一汤匙为一小丸状）放入油镬，然后把镬端回火
位。待鱼腐开始浮上油面时，再猛火加温至 150℃。当鱼腐尽浮时，
逐步加温炸浸至鱼腐呈浅黄色且有硬身感觉时把鱼腐捞起，滤去油分
便成。

技艺要领

① 掌握鱼腐制作的配比和下料的先后次序，才能保证鱼腐的质量。

② 炸鱼腐时，控制火候与油温是关键。当鱼腐浮身呈浅黄色时要捞起，避
免过火而影响鱼腐的鲜香嫩滑。

生焗多宝鱼

多宝鱼，学名菱（鱼平），俗称蝴蝶鱼，主要产于大西洋东侧沿海水域，是东北大西洋沿岸水域的特有名贵鱼种之一，属于名贵的低温经济鱼类，我国20世纪90年代引进养殖。多宝鱼的烹饪制作方法以蒸、炸、炒、烧、滚汤等为主，生焗是一种经过不断研究和改良的新方法，该法保留了多宝鱼的原汁原味，成菜鲜、香、嫩、滑。

特点

色泽鲜亮，清香味美，嫩滑可口，营养丰富。

鲜活多宝鱼 1 条（约重 750 克），
干葱头 15 克，拍蒜、拍姜各 15 克，
葱白段 20 克。

调料

蚝油、精盐、白糖、味精、
绍酒、老抽、胡椒粉、干
生粉、花生油各适量。

制作方法

① 将鲜活多宝鱼宰净，用干洁毛巾吸干水分，然后从多宝鱼中间的主骨
（硬骨）处下刀斩成两边，再将每边斩成宽约 2.5 厘米的件状，鱼头
劈开两边，放入盆里，加入蚝油、精盐、白糖、味精、胡椒粉等拌匀
后下干生粉拌匀，然后下花生油拌匀，最后加入老抽（调色）拌匀。

② 取砂锅一个，洗净后抹干水分，放入煲仔炉中猛火烧热下花生油，待花
生油烧滚后放入干葱头、拍姜、拍蒜爆香，把拌好的鱼件放入锅里，加
盖盖好，待烧滚后在锅盖沿边溅入绍酒，猛火将鱼件焗熟，然后撒上葱
白段于鱼面上便成。

技艺要领

① 多宝鱼要鲜活，做到即宰即烹。

② 砂锅要烧热，料头要爆香，这是制作该菜式的技术关键。

③ 掌握焗鱼时间，控制在 4~5 分钟内（区分鱼的大小），其间需在锅盖边
溅入三四次的绍酒，增加香气和特色。

三色泡鱼榄

三色泡鱼榄是粤菜手工艺菜式中较为精细的一道。在烹制食材中，选用了富含蛋白质、维生素A、钙、镁、硒等营养元素及肉质细嫩、味道鲜美的鲮鱼作为主料，冬菇、芦笋、胡萝卜等做配料。在制作工艺上，不但要将鲮鱼起肉拌成鱼胶，再挤成榄核状，还需把冬菇、芦笋、胡萝卜改切成与鱼榄相同的形状，成菜工艺精细、味鲜爽滑。

原料

拌好鲮鱼胶300克，湿冬菇50克，胡萝卜100克，芦笋100克，蒜蓉2克，姜片2克。

调料

精盐、白糖、味精、绍酒、胡椒粉、湿生粉、芝麻油、花生油各适量。

制作方法

① 将拌好鲮鱼胶挤成鱼榄状，用滚水浸至仅熟，捞起，滤去水分，用碗盛着备用。

② 把胡萝卜、芦笋、湿冬菇改切成榄核状，洗净后煸炒至熟，滤去水分。

③ 烧镬下油，待油温烧至三成热，放入鱼榄拉油至熟，倾入笊篱里，滤去油分。

④ 烧镬下油，放入蒜蓉、姜片略爆，再加入胡萝卜榄、芦笋榄、冬菇榄、鱼榄，溅入绍酒，用精盐、白糖、味精调味，撒上胡椒粉，用湿生粉打芡，下芝麻油、包尾油炒匀上碟便成。

① 选用鲮鱼胶制作鱼榄，因鲮鱼胶爽口弹牙，味道鲜甜。

② 将胡萝卜、芦笋、湿冬菇分别用刀改成榄状，使其形状与鱼榄相匹配，才能彰显此菜的工艺与特色。

特点

色泽鲜明，
工艺精细，
讲究镬气，
味鲜爽滑。

蟠龙大鸭

蟠龙大鸭始创于古镇佛山的英聚楼酒家，距今已有100多年历史，是由英聚楼酒家主厨吕昌传师傅创制而成。英聚楼酒家的蟠龙大鸭是在里水霸王鸭的烹制基础上加以发展和创新，以家鸭为主料，以海鲜、海味干货为辅料，整鸭在刀工处理上突出工艺造型，使之整菜成为一款形似蟠龙、可汤可菜、清鲜味甜、营养健康的佛山名菜。

特点

味鲜可口，烩滑香甜，营养丰富。

光鸭1只（约1 500克），湿鱼肚粒150克，湿冬菇粒75克，湿江珧柱粒100克，火腿粒50克，鲜蟹黄50克，鲜蟹肉100克，生虾肉100克，上汤2 000克，二汤3 000克，姜件2件，葱条2条，姜汁10克。

精盐、味精、白糖、绍酒、湿生粉、花生油各适量。

制作方法

① 将光鸭洗净，去净绒毛，斩嘴留䏶，起成全鸭后用滚水稍拖水，然后取起放入冷水盆里洗净取起，滤去水分再放入盆里，把姜汁放入鸭腔内涂匀。

② 烧镬下油，放入姜件、葱条略爆，溅入绍酒，注入二汤，待烧滚后放入湿鱼肚粒滚煨，取起并去掉姜葱，然后把鱼肚粒沥干水分再放入盆里，加入湿冬菇粒、火腿粒、湿江珧柱粒，随即下精盐、味精、白糖拌匀，放入鸭腔内，然后上炖盅，加入二汤，放入蒸笼炖至够身（火候恰到好处）取起转放入汤锅里。

③ 将生虾肉用刀压扁后用滚水灼熟取起。

④ 烧镬下油，溅入绍酒，注入上汤，调味，待汤微滚时加入鲜蟹黄、鲜蟹肉、虾肉，用湿生粉推成薄芡，加入包尾油和匀，淋上汤锅里便成。

技艺要领

① 起全鸭的关键在于刀工的技法和操作步骤，不能穿孔，保持全鸭的完整。

② 冬菇、鱼肚经涨发洗净后，要用姜葱水滚煨过，以去除腥味而增加香气。

③ 生虾肉、蟹肉、蟹黄均为最后烹制。

牛乳煎滑鸡

　　牛乳，是佛山市顺德区大良出产的一种牛奶制品，因其特有的酸、甜、苦、咸滋味，深受民众的喜爱，是顺德有着近百年的传统特色美食，也有着"中国芝士"的美称。据资料介绍：牛乳还具有补虚损、益肺胃、生津止渴、养血解毒的食疗保健功效。将牛乳融入菜式烹制，是对牛乳产品制作多模式、多样化的尝试和发展。

特点

色泽金黄，
甘香味鲜，
爽滑可口。

光鸡1只（约1 250克），鲜牛乳8件，鸡蛋清1只，姜汁5克，葱白段10克。

调料

精盐、白糖、味精、绍酒、干生粉、花生油各适量。

制作方法

① 将鲜牛乳放入镬中，加入清水熬成牛乳汁，取出放入碗里，备用。

② 将光鸡洗净，去掉内脏，然后拆骨取肉，再将鸡肉改切成鸡块，放入盆里，下姜汁、牛乳汁、精盐、白糖、味精拌匀，再加入鸡蛋清拌匀，最后下干生粉拌匀。

③ 猛火烧镬下油，搪镬，拉镬避火，将拌好的鸡块排放在镬里，把镬端回火位，随即转用慢火煎至两面呈金黄色（至熟），下葱白段，溅入绍酒炒匀上碟便成。

技艺要领

① 将鲜牛乳熬成汁时要用慢火。

② 牛乳本味过咸，在拌鸡入味时要掌握好。

③ 即拌即煎效果最好。

南乳香酥肉

南乳，又称为红腐乳、红方，是用红曲发酵制成的豆腐乳。南乳的表面呈枣红色，内部为杏黄色，色泽亮丽，味道带有脂香、酒香和甜味。由于南乳的风味独特，在粤菜的菜式制作中还可以融入其他调料制成复合味酱料，因而应用较为广泛。同时，南乳还含有丰富的钙、磷等人体必需的矿物质营养素，可起到健脾开胃、降低胆固醇、降低血压和预防人体缺铁性贫血的食用功效和保健作用。

原料

猪上五花肉 300 克，蒜汁 5 克，玫瑰露酒 25 克，南乳酱 15 克，鸡蛋黄 1 只。

调料

精盐、白糖、脆炸粉、生粉、花生油各适量。

制作方法

① 将猪上五花肉去皮，洗净，然后切成长 4 厘米、宽 6 厘米、厚 2.5 厘米的块状，放入盆里，加入玫瑰露酒、蒜汁、南乳酱拌匀，腌制 30 分钟后加入鸡蛋黄、精盐、白糖拌匀，均匀地拍上干粉（脆炸粉与生粉等份拌匀）。

② 猛火烧镬下油，待油温烧至五成热，拉镬避火，逐件放入肉块，然后把镬端回炉上，转用中火炸至浮身呈浅黄色捞起，待凉片刻再把肉块放回镬中炸至金黄色，倾入笊篱里，滤去油分后排放在碟上便成。

特点

色泽金黄，
香酥可口，
味鲜醇香。

技艺要领

① 原料的选择非常重要，所选用的猪上五花肉（又称为五层肉），此肉肥瘦合宜，是烹制此菜的关键。

② 切件后的腌制、上味、上粉均需特别注重顺序与时间。尤其是即上粉即放入油镬炸，使肉件与粉不易潮湿而达到成菜的效果。

③ 炸时要掌握火候与油温。

明炉花雕鸡

粤人喜欢食鸡，无论是喜庆或祭祖的宴席，都喜欢有鸡上桌，所以，也有粤菜"无鸡不成宴"的习俗。明炉花雕鸡是在传统粤菜花雕鸡的基础上改良和发展的。此菜式采用走地清远麻鸡和绍兴花雕酒为主料烹制而成，而且还是一款可汤可菜，且具有温中益气、补虚填精、健脾胃、祛寒、强筋骨的食疗作用的创新菜式。

特点

汤色清醇而香，味鲜嫩滑，滋补营养。

走地光鸡1只（约1250克），绍兴花雕酒1支（500~600克），杞子15克，去核红枣15克，姜件2件，姜汁5克，上汤1500克。

调料

精盐、味精、生粉、花生油各适量。

制作方法

① 将走地光鸡洗净后斩件（去掉鸡头、鸡屁股），放入盆里，加入味料、姜汁拌匀，下生粉、花生油再拌匀。

② 烧镬下油，下姜件略爆，溅入绍兴花雕酒，注入上汤，加入浸泡过的杞子、去核红枣，加盖猛火烧滚后再略滚片刻，放入鸡件，加盖猛火烧滚，转回慢火，待鸡熟时熄火用精盐、味精调味，转用瓦锅盛放上台便成（上台时跟上卡式气炉作加热保温用）。

技艺要领

① 要选用新鲜的走地鸡。

② 光鸡斩件后的拌制要按先后顺序进行。

③ 烧滚汤后把鸡件放入汤中（不要搅动）加盖，猛火烧至微滚后，打开锅盖，搅动鸡件，保持鸡件成熟后的嫩滑。

淼城狗仔鸭

三水因三江汇聚（西江、北江、绥江）而得名，故又称为淼城。淼城狗仔鸭是一款20世纪70—80年代在三水酒楼食肆广为盛行的别具特色的地方菜式。很多坊间食众认为这道菜是食狗肉，其实与老婆饼中没有老婆、鱼香肉丝中没有鱼一样，狗仔鸭里是没有狗肉的，而是采用了移花接木的烹调方法——借鉴粤菜传统炆狗肉的方法来炆制三水白鸭，故得名淼城狗仔鸭。

原料

光鸭1只（约1 200克），蒜蓉35克，豆豉酱35克，干葱头50克，蒜头、拍姜、陈皮各适量。

调料

花生油、芝麻油、生抽、精盐、白糖、味精、绍酒各适量。

制作方法

① 把光鸭去清内脏，洗净，抹干水分，斩成日字件。

② 烧镬下油，把鸭件放入镬中，爆炒至鸭件收干水取出；然后放入清水中洗净，滤去水分。

③ 把镬洗净，烧镬下油，放入蒜头、拍姜、干葱头爆香；再放入陈皮、蒜蓉、豆豉酱、鸭件略爆，溅入绍酒，注入适量清水，待滚后转入砂锅里；加盖猛火烧滚，后转入以中火炆至够身，再放入精盐、白糖、味精调味，用慢火收汁便成。

特点

色泽油亮，
原色、原汁、原味，
味香鲜美，唇齿留香，
具有岭南浓厚的地方风味。

技艺要领

① 把斩好的鸭件用热镬爆炒过，以去腥增香。

② 豆豉酱要炒过，拍姜要炸过。

③ 将鸭件炆至够身后用慢火收汁。

龙母鱼蓉羹

　　龙母鱼，学名虾潺，又名龙头鱼、九肚鱼，是我国沿海一带常见的一种食用鱼类。龙母鱼体长而侧扁，一般体长在15~26厘米，体重一般在75克左右，较为大的龙母鱼有近150克重。据相关资料介绍：龙母鱼富含蛋白质，具有维持人体健康的钾钠平衡、利于人体生长发育、消除水肿、缓解贫血、提高人体免疫功能等食疗功效。

原料

新鲜龙母鱼500克，丝瓜150克，湿冬菇25克，韭王15克，胡萝卜50克，鲜虾皮15克，鸡蛋清1只，姜汁5克，姜片2克。

调料

精盐、味精、胡椒粉、绍酒、湿生粉、花生油各适量。

特点

汤色艳丽，味鲜香甜，营养丰富。

制作方法

① 将新鲜龙母鱼宰净，起肉，然后把鱼头骨洗净，滤去水分，用镬煎至金黄色，溅入滚水，加盖，猛火滚成浓鱼汤后用笊篱隔掉鱼骨，留鱼汤备用。

② 鲜虾皮放入油镬里炸至金黄色，倾入笊篱里，滤去油分，待凉后放在砧板上，用刀平压成虾蓉，放入碗里。

③ 丝瓜刨净后开边去瓤，洗净后连同湿冬菇、胡萝卜切成指甲片状，韭王洗净后切成短段。

④ 龙母鱼肉切成大粒状，放入盆里加入姜汁拌匀。

⑤ 烧镬下油，放入姜片略爆香，加入丝瓜片、胡萝卜片、湿冬菇片爆炒，随即溅入绍酒，注入浓鱼汤，猛火烧滚后下龙母鱼肉、虾皮蓉，略滚后用精盐、味精调味，撒上胡椒粉，用湿生粉推薄芡，加入韭王、鸡蛋清和匀上汤锅便成。

技艺要领

① 将龙母鱼拆肉后，洗净鱼骨用镬煎透，溅入滚水，加盖后猛火烧滚成奶白色浓鱼汤。

② 虾皮要炸成金黄色捞起再剁成蓉，最后撒上，增加鱼羹的鲜、香、甜味。

③ 龙母鱼肉切好后要下姜汁拌匀，以去除腥味。

荔蓉香酥鸽

荔蓉香酥鸽是以乳鸽为主料，广西荔浦香芋为辅料，成菜香酥软滑，馥郁芳香，味鲜可口。荔蓉香酥鸽是古城佛山的一道以手作工艺制作为主的传统名菜，早在 20 世纪初便已流传，深受佛山人的喜爱。

特点

色泽金黄，香酥软滑，馥郁芳香，味鲜可口。

原料

光乳鸽 2 只，荔浦香芋 500 克，鲜鸡蛋 2 只，湿冬菇粒 25 克，乳鸽肉粒 25 克，猪油 50 克，五香粉 3 克，八角 2 粒，花椒 2 克，姜件 2 件，葱条 2 条，葱白粒 5 克，二汤 1000 克。

调料

精盐、白糖、味精、绍酒、老抽、胡椒粉、干生粉、花生油各适量。

① 将光乳鸽洗净，去掉绒毛、内脏，用刀在鸽背切十字刀口，刺破鸽眼球，放入盆里，下老抽涂匀上色。随即猛火烧镬下油，待油温烧至五成热，放入乳鸽炸至金红色取出成红鸽，放入清水盆里漂过，捞起，滤去水分，放入炖盆里。

② 烧镬下油，放入姜件、葱条、八角、花椒爆香，溅入绍酒，注入二汤，用精盐、白糖、味精调味，用老抽调色后倒入炖盆（以浸过鸽面为度），随即放入蒸笼炖至够身取起，放在碟上。

③ 荔浦香芋去皮洗净后切成薄片，用碟盛着放入蒸笼蒸至熟取出，放在砧板上，用刀平压烂成蓉，放入盆里，加入精盐、白糖、味精、五香粉、猪油、乳鸽肉粒、湿冬菇粒、胡椒粉搓匀成荔蓉馅。鲜鸡蛋去壳后放入碗里，打匀成蛋液。

④ 将凉的红鸽从背上拆掉胸骨，拆去四柱骨，留鸽头、鸽翅（摆鸽形用），然后在鸽肉面上涂上蛋液，拍上干生粉，再将荔蓉馅均匀铺放在鸽面上，用蛋液抹平。

⑤ 猛火烧镬下油，待油温烧至三成热，把荔蓉鸽放在笊篱里，浸炸至金黄色取出，滤去油分。随即斩件上碟，砌回鸽形，上桌时跟用原汁芡，撒上葱白粒在汁上佐食便成。

① 红鸽拆骨要从背部中间拆，保持鸽形的完整。

② 荔蓉馅铺酿后要用蛋液抹平。

③ 炸时用笊篱托住，边炸边淋油，炸至金黄色取起。

里水霸王鸭

南海里水霸王鸭是佛山南海里水一款传统名菜。霸王鸭原名莲王鸭，因喂食饲料以莲子为主要原料而名曰莲王鸭。相传清光绪年间，古城佛山南海里水有一位乡亲在清朝大臣李鸿章府上当厨师。是年李鸿章为其母八十寿辰设宴，席上山珍海味，应有尽有，百色交会，但其中一款由里水厨师烹制的莲王鸭却吸引了众多食客，李鸿章品味此菜后不禁大喜，觉得莲王鸭不仅飘香四座，且造型精美、颇具霸气，遂将"莲"字改成"霸"字。此菜式经历代厨师的传承与发展而成为南海里水一款名菜。

 特点

色泽鲜明，
味鲜烩滑，
香浓软糯，
营养丰富。

原料

光鸭1只（约1250克），莲子75克，薏米25克，芡实25克，板栗肉75克，湿冬菇粒30克，百合25克，火腿粒20克，咸蛋黄4只，姜件3件，葱条3条，湿陈皮蓉3克，菜远250克，上汤3000克。

调料

精盐、红糖、绍酒、胡椒粉、湿生粉、花生油、芝麻油各适量。

1　将光鸭洗净后起成全鸭，即把鸭身从颈部开刀，把鸭骨全部取出，保留鸭身原形且不穿孔。

2　把百合、莲子、薏米、芡实、板栗肉放入盆里，用清水浸约2小时取起，洗净，滤去水分，咸蛋黄切成粗粒状。

3　烧镬下油，下姜件、葱条爆香，溅入绍酒，注入清水，加盖盖好，烧滚后把上述浸好的材料和湿冬菇粒放入镬中滚煨后取起，滤去水分，去掉姜葱，然后放入盆里，加入咸蛋黄粒、火腿粒，下精盐、红糖拌匀。

4　把拌匀的材料填入鸭腔内，然后将鸭颈穿过翅底打结，用滚水烫过，再用清水洗净，用钢针扎鸭身皮孔，以防止鸭身在高温受热下会膨胀爆裂。然后放入炖盆里，注意必须是鸭肚朝上。

5　烧镬下油，放入姜件、葱条爆香，溅入绍酒，注入上汤，下湿陈皮蓉，猛火烧滚后调味，然后倾入炖盆里，再放入蒸笼炖至够焓身取起，放在碟上。

6　菜远洗净切件后用滚水拖熟捞起，滤去水分后拼摆在鸭身两边，然后用原汁、湿生粉调味打芡，撒上胡椒粉，加入芝麻油、包尾油和匀，随即淋在鸭身上便成。

技艺要领

1　干货原料需预先浸透，洗净，滚煨。

2　将全部原料放入盆里，上味料拌匀后方可酿入鸭肚内。

3　用原汁调味后打红芡淋上。

礼云子炒滑蛋

所谓的礼云子，其实是佛山的河涌、小溪生长的蟛蜞子（卵）的雅称。因蟛蜞两螯状似作揖，故有先人巧取《四书》中的"礼云礼云，玉帛云乎哉"之义，而称蟛蜞子为礼云子。新鲜的礼云子色呈红棕色，颗粒非常细小如沙状，质感幼滑而软嫩，入口却有浓郁鲜香味。礼云子炒滑蛋是佛山历代厨师经过不断研究和改良的一款菜式，以其鲜香嫩滑、色泽华美艳丽深受广大食客的喜爱而成为古城佛山的一款传统菜式。

特点

色泽艳丽，味鲜香嫩滑。

原料

鲜礼云子 75 克，叉烧粒 50 克，鲜鸡蛋 400 克，青豆仁 50 克，葱白粒 5 克。

调料

精盐、花生油各适量。

制作方法

① 先把鲜礼云子用笊篱洗净，然后滤去水分。

② 青豆仁用淡盐水滚过至熟捞起，滤去水分。

③ 鲜鸡蛋去壳放入盆里，加入适量精盐、花生油打成蛋液。

④ 烧镬下油，下叉烧粒略炒，再加入青豆仁、礼云子炒匀，然后下蛋液炒至刚熟上碟，撒上葱白粒便成。

技艺要领

① 鸡蛋去壳放入盆里，加入花生油、精盐，用匀力打成蛋液，时间不可过长及用力，避免化水而影响成菜质量。

② 炒蛋时要用慢火均匀推炒。

簕苋菜头煲鲫鱼汤

籣苋菜，一种在乡间田野中常见的野菜，由于此菜的茎部长有针刺，且多为原生态自然生长，故又称为野生籣苋菜。籣苋菜，别名刺苋、野刺苋菜、野籣苋，为植物苋科刺苋的全草或根，民间就有用其根部煲汤的习惯。籣苋菜头（根）煲鲫鱼汤，具有清热解毒、去湿消肿、补脾益气、治咽喉疼痛、止便溏、利小便的食疗功效，也是民间常用的汤水验方。

特点

汤色浓醇，味鲜香甜。

鲜活鲫鱼 2 条（约重 800 克），鲜蓊苠菜头（根）350 克，茯苓 15 克，姜件 3 件。

调料

精盐、味精、绍酒、花生油各适量。

制作方法

① 将鲜活鲫鱼宰净，打鳞，去掉内脏及鱼牙，刮清肚内黑膜，用精盐抹匀鱼身，腌制约 10 分钟。然后烧镬下油，放入鲫鱼，转用慢火煎至两面金黄色，溅入绍酒取起，用盆盛放。

② 将鲜蓊苠菜头（根）洗干净，斩成约 10 厘米长的段状，放入汤煲里，注入滚水，加入洗过的茯苓、姜件，加盖猛火烧滚约半小时后再把煎过的鲫鱼放入，加盖猛火烧滚约 40 分钟，开盖用精盐、味精调味便成。

技艺要领

① 煎鱼前要用精盐抹匀鱼身再煎，防止粘镬破皮。

② 鱼煎至金黄色后要溅入绍酒和滚水，使汤色呈奶白色。

老少平安

俗语有云："老少平安千秋乐，家宅兴隆万代昌。"意思是说不论是老人或小孩，都生活在一个健康、幸福、和睦的家庭，做生意的生意兴隆，而做官的则官运亨通。而老少平安是佛山传统和家喻户晓的家常粤菜，其原料均使用新鲜的嫩豆腐、鲮鱼胶、虾米、鲜鸡蛋等制成。因这款菜式嫩滑鲜甜、无骨无渣、营养丰富，尤其适合家中老人和小孩食用，故名曰老少平安。

特点

色泽鲜艳，嫩滑鲜香，营养丰富。

鲮鱼胶 150 克,新鲜嫩豆腐 1 件,湿虾米粒 25 克,湿陈皮蓉 1 克,鲜鸡蛋 2 只,芫荽梗米 2 克,葱白粒 2 克。

调料

精盐、白糖、味精、胡椒粉、生粉、花生油各适量。

制作方法

① 把新鲜嫩豆腐放入干净盆里,加入鲮鱼胶、湿虾米粒、芫荽梗米、湿陈皮蓉搓匀,然后用精盐、白糖、味精调味,加入胡椒粉和匀拌挞至起胶,再下生粉和匀拌挞起胶,最后加入鲜鸡蛋液和匀,下花生油拌匀放在碟上,抹平。

② 随即放入蒸笼,加盖盖好,猛火蒸约 10 分钟,取起,撒上葱白粒便成。

技艺要领

① 豆腐要切去老皮,否则影响豆腐的嫩滑。

② 拌豆腐鱼馅时要顺时针方向搓、拌、挞,至重新起胶为好,否则不够嫩滑,甚至霉身。

③ 蒸时要猛火。

咖喱油花蟹

咖喱是由多种香料调配而成的一种酱料，在中西餐制作中也是一种多样变化和具有突显菜式特殊风格、特殊口味的酱料。咖喱是以姜黄为主料，另加多种辛香料，如桂皮、草果、香叶、小茴、花椒、辣椒等配制而成的一种复合调味料，在菜式使用中常见于印度菜、泰国菜和日本菜。在亚洲的新加坡、马来西亚、越南都有不同风味的咖喱菜式，而20世纪咖喱已在我国的香港（称为港式咖喱）、澳门（称为葡式咖喱）流传，并深入民间。

用咖喱烹制的菜式，以其健脾养胃、润肠通便、发汗解毒、减肥的食疗保健功效而广受欢迎。

特点

色泽金黄，味鲜香甜，富有东南亚风味。

鲜活花蟹 750 克，咖喱粉 25 克，香叶粉 2 克，辣椒粉 2 克，姜黄粉 2 克，干葱头蓉 3 克，蒜蓉 2 克，姜米 2 克，虾米蓉 10 克，淡奶 50 克，椰浆 50 克，上汤 300 克。

调料

精盐、白糖、味精、绍酒、湿生粉、花生油各适量。

制作方法

① 将咖喱粉、香叶粉、辣椒粉、姜黄粉香料放入盆里，下淡奶、椰浆、虾米蓉拌匀后放入镬里，慢火煮熟取起，成咖喱酱待用。

② 将鲜活花蟹宰净斩件，然后烧镬下油，待油温烧至四成热，放入蟹件拉油，倾入笊篱里，滤去油分。

③ 烧镬下油，下蒜蓉、干葱头蓉、姜米略爆香，加入蟹件炒过，溅入绍酒，注入上汤，调入咖喱酱，烧滚后用精盐、白糖、味精调味，然后把蟹件捞起，放在碟上排放好，用原汁、湿生粉打芡淋在蟹面上便成。

注意：蟹汁芡可用来拌饭，捞面。

技艺要领

① 先把咖喱料（咖喱粉、香叶粉、辣椒粉、姜黄粉）慢火推成咖喱酱。

② 料头要爆香，咖喱汁芡稍推大些（多些）。

锦绣炒河虾

河虾，又称为青虾，学名日本沼虾。河虾广泛分布于我国的江河、湖泊、水库和池塘，是优质的淡水虾类。河虾肉质细嫩，味道鲜甜而美，营养丰富，是高蛋白低脂肪的水产食品。河虾一年四季都有，但以每年的 4—5 月（清明前后）为最多、最肥、最大，故有"清明虾好食过猪膏渣"之说法。

原料

鲜活河虾 250 克，西芹 100 克，黄菜椒 75 克，湿冬菇 25 克，味菜（均安大头菜）20 克，蒜蓉 2 克，姜片 2 克。

调料

精盐、白糖、味精、绍酒、胡椒粉、湿生粉、芝麻油、花生油各适量。

制作方法

① 河虾用剪刀剪去虾须、虾枪、虾脚，放入盆里，下些许精盐拌匀，腌制约 5 分钟，然后用清水洗净，滤去水分。

② 将西芹、黄菜椒、湿冬菇洗净后改切成小榄核形，味菜切成小榄核形后放入碗里，用清水浸约 15 分钟后取起，搓干水分。

③ 猛火烧镬下油，待油温烧至七成热，放入河虾炸至浮身，随即倾入笊篱里，滤去油分。

④ 烧镬下油，放入西芹、黄菜椒、湿冬菇、味菜煸炒至熟，倾入笊篱里，滤去水分。

⑤ 烧镬下油，放入蒜蓉、姜片略爆，加入西芹、黄菜椒、湿冬菇、味菜炒过，再加入河虾，溅入绍酒，用精盐、白糖、味精调味，撒上胡椒粉，用湿生粉打芡炒匀后下包尾油和匀上碟便成。

特点

色泽艳丽，
味鲜香甜。

技艺要领

① 把河虾剪净后要用精盐拌匀稍腌制约5分钟，使虾入味。

② 炸虾时要掌握油温需在210~220℃，放入河虾快速炸至浮身捞起。这样的做法可以把虾壳也吃了，增加钙质的摄入。

117

金钱香酥盒

20世纪30年代，佛山顺德"凤城厨林三杰"之首的区财师傅创制了金钱香酥盒。他别出心裁地模仿蟛捞（又名蜘蛛）用以藏卵的扁圆形小盒子（又称为蟛捞盒）的形状，用猪的肥肉头改切成略比银圆大的圆形薄片状（经腌制）做盒皮片。然后在盒皮片上依次放一块肉片、肉胶馅，再把另一块肉片铺盖在肉馅上，撒上干生粉后在盒件边缘轻力捏紧，最后粘上蛋白稀浆，下油锅炸成金黄色，名曰金钱香酥盒。

特点

色泽金黄，
肥而不腻，
香酥味鲜。

猪肥肉 500 克，猪肉胶 100 克，虾胶 50 克，
鸡蛋清 100 克，湿生粉 50 克，汾酒 75 克，芫
荽叶 12 片。

调料

干生粉、花生油各适量。

制作方法

① 先把猪肥肉改成直径 4.5 厘米、厚 1 毫米的圆形件（24 件），下汾酒拌匀，腌制约
10 分钟取出滤干。将鸡蛋清打匀后加入湿生粉和匀成蛋白稀浆。猪肉胶与虾胶搓匀
后拌挞至起胶，然后挤成 12 粒小丸子，放在碟上。

② 取干洁碟一只，撒上干生粉，把 12 件猪肥肉件排放碟上，再每件肉件放上肉丸子，
在肉丸子上贴上一片芫荽叶，然后将剩余的 12 件猪肥肉件逐件铺上，抛上干生粉后
在盒的边缘处轻手捏紧。

③ 猛火烧镬下油，待油温烧至五成热，拉镬避火，将每件盒件粘上蛋白稀浆后放入油
镬中，随即把镬端回炉上，转用中火浸炸至金黄色（以熟为度），倾入笊篱里，滤
去油分，然后用剪刀修边，排放在碟上（将有芫荽叶的朝上）便成。

技艺要领

① 改切猪肥肉片后要用高度酒浸腌 10 分钟，使肥肉片松化。

② 蛋白稀浆的调配：鸡蛋清（打匀）50 克，湿生粉 50 克，将鸡蛋清与湿生粉和匀便可。

③ 炸时掌握油温，将盒件粘上浆下油锅浮身时要拉镬避火，浸炸至呈金黄色取起，稍
凉后再复炸，使酥盒更加酥化，口感更好。

金姐炒鱼环

一九四九年前的古城佛山饮食文化已独具特色，而且食肆林立，现禅城区的中山桥与民政桥一带因河流而聚集的艇家（俗称为紫洞艇）烹制的菜式尤为吸引众多食客。当时金姐担任紫洞艇主厨通过不断的研究和尝试，通过在鲮鱼起肉后用刀刮鲮鱼肉，然后制作成鱼青，放在碟上堆成厚块状，随即放入蒸笼加盖猛火蒸熟取出，待凉后改切成件状，并在中间剞一刀，然后把两边鱼件往刀口处穿入复出成蛋散形状，再用爆炒的烹调方法创制出一款具色、香、味、型及工艺形状俱全的菜式，美其名曰炒鱼环。

特点

色泽鲜明，
造型精美，
鲜爽香滑。

净鲮鱼肉 500 克，炸榄仁 15 克，湿冬菇件 25 克，鸡蛋清 15 克，姜花 2 克，葱白榄 2 克，蒜蓉 2 克，上汤 25 克。

精盐、白糖、味精、胡椒粉、绍酒、湿生粉、芝麻油、花生油各适量。

制作方法

① 将净鲮鱼肉洗净，用干布抹干水分，用刀将鲮鱼肉从尾刮上至见红肉和鱼刺骨为止成鱼青，然后把鱼青剁成鱼蓉放入盆里，加入精盐、味精拌匀，用力挞至起胶后加入湿生粉拌匀再拌挞至起胶，最后加入鸡蛋清拌匀后再用力挞至起胶。

② 将鱼胶放入碟上，砌成长 5 厘米、宽 2.5 厘米、厚 2.5 厘米的长方条，用猛火蒸熟取出，待凉后切成薄片，然后在每件薄片中间剞一刀，穿成蛋散形便成鱼环。

③ 把上汤与精盐、白糖、味精、胡椒粉等味料调成碗芡。

④ 猛火烧镬下油，下姜花、蒜蓉略爆香，再放入湿冬菇件炒过，溅入绍酒，加入鱼环、葱白榄，然后调入碗芡炒匀，最后下芝麻油、包尾油和匀上碟，炸榄仁匀放中间便成。

技艺要领

① 鲮鱼胶拌好后，用油扫过碟底，再按制作方法之中的规格砌成长方条状，猛火蒸熟，待凉冻后切片制成鱼环。

② 炸榄仁前要用淡盐水滚过再炸，使榄仁松化入味。

姜葱焗花蟹

蟹类是一种广受食客喜爱而又营养丰富的水生动物原料。据资料介绍：全世界的蟹类约有 5 800 种，仅在我国的蟹就有 800 多种。其中的花蟹就因其外壳有花纹而得名，也称为兰花蟹，属于梭子蟹科，在广东一带沿海海域均有出产，尤以粤西湛江、海南为最好。花蟹含有丰富的蛋白质、脂肪、磷脂、维生素、营养素和人体必需微量元素等，对身体有极好的滋补作用。

特点

色泽鲜明，味鲜香甜，营养丰富。

鲜活花蟹 750 克，蒜蓉 2 克，姜件 3 件，葱白段 10 克。

精盐、白糖、味精、绍酒、胡椒粉、湿生粉、花生油各适量。

① 将鲜活花蟹宰净，去掉蟹鳃和蟹污着物，洗净后斩成蟹件，滤干水分。

② 猛火烧镬下油，待油温烧至四成热，放入蟹件拉油，倾入笊篱里，滤去油分。

③ 烧镬下油，下姜件爆香后再下蒜蓉略爆香，下蟹件炒过，溅入绍酒，注入清水，加盖烧滚，用精盐、白糖、味精调味，撒上胡椒粉，下葱白段炒匀，用湿生粉打芡，下包尾油炒匀上碟便成。

① 花蟹要鲜活，即宰即烹。

② 焗蟹至熟时，调味后打芡。

家乡酿鲮鱼

在佛山顺德均安有一位非常孝顺父母的儿子名叫万让，因其父亲非常喜欢吃鲮鱼，但鱼骨刺多而细，万让便每天都把烹熟的鲮鱼骨刺挑干净才给父亲进食。有一天，万让突发奇想，在鲮鱼的烹制中能否把鲮鱼肉剥离出来，然后剁成鱼蓉，再把鱼蓉打成鱼胶直接放回鱼肚内烹制。万让烹制鲮鱼的新做法很快便传开了。后来人们因万让的让字与粤菜烹调技法的酿字同音，故将此菜命名酿鲮鱼。家乡酿鲮鱼经佛山历代厨师的传承、改良、发展和创新，已成为当今粤菜菜式上能冠以"三绝"（即有骨变无骨，构思绝；起皮取肉，完整无损，刀工绝；先煎后焗，气味俱全，烹调绝）而为数不多的菜式之一。

特点

色泽鲜亮，味鲜爽口，甘香嫩滑。

鲜活鲮鱼 2 条 (重约 600 克)，安虾米 150 克，马蹄肉粒 150 克，芫茜梗粒 30 克，葱白粒 2 克，红椒粒 1 克，湿陈皮粒 3 克，蒜蓉 2 克，二汤 300 克。

调料

精盐、白糖、味精、蚝油、胡椒粉、绍酒、老抽、干生粉、湿生粉、花生油各适量。

制作方法

① 先将鲜活鲮鱼宰净，从鱼肚正中剖开，挖除内脏，洗净黑膜，然后用刀轻轻地在两边肚皮处分别剞一刀，再用手指从鱼皮与肉之间插入，将鱼皮剥离至背鳍处，剥离一边再剥另一边，最后用刀斩断脊骨两端 (留头尾)，保持头尾与原条鱼皮相连。

② 把取出的肉起去脊骨，将鱼肉切碎后用刀剁成鱼蓉，然后放入盆里，加入精盐、白糖、味精，顺方向搓匀，用力挞至起胶，再放入切好的马蹄肉粒、安虾米、芫茜梗粒、湿陈皮粒一起和匀后用力挞至起胶，然后酿入抛上干生粉的鲮鱼皮内，做成原条鲮鱼状。

③ 猛火烧镬下油，把酿好的鲮鱼放入镬里，转用慢火煎至两面呈金黄色取起，放入碟上。

④ 烧镬下油，放入蒜蓉略爆香，溅入绍酒，注入二汤，下蚝油调味成蚝油汁，随即淋在鱼面上，放入蒸柜猛火蒸约 10 分钟 (至熟) 取起，把原汁倾入镬里，用湿生粉推芡，加入包尾油，老抽 (调色) 和匀，淋在鱼面上，撒上葱白粒、红椒粒便成。

技艺要领

① 起鲮鱼皮时要保持鱼皮完整，尽可能不穿洞。

② 将拌好的鱼胶酿入鱼皮前，要在鱼皮上抛上干生粉，以利于粘连。

家乡肚脷汤

家乡肚脷汤是流传于广东民间的一款深受人们喜欢的养生汤水。而所谓家乡肚脷汤就是广东人说的"在乡下屋企里煲的汤"，能品尝在自家煲的汤感觉非常开心和自豪。家乡肚脷汤具有滋润祛湿、驱寒暖胃、收敛肺气、平咳喘的食疗功效。

特点

汤色奶白，清香浓醇，味鲜可口，营养丰富。

猪肚1个（约400克），猪大脷1条（约300克），鲜白果肉50克，干腐竹40克，白胡椒粒5克，姜件2件。

精盐、味精、小苏打粉、干生粉、花生油各适量。

制作方法

① 将干腐竹放入盆里，注入清水（以浸过腐竹面为度），撒上小苏打粉于清水中和匀，浸约1小时取起，随即把水倒掉，再用清水浸泡至去清碱味，捞起，滤去水分。鲜白果肉用淡盐水滚过后去掉黄色衣，再用清水浸着备用。

② 将猪肚表面的肥膏及杂质清理干净，随即翻转（即由底部翻上面上），放入盆里，下精盐搓洗，去除潺液，再用清水洗净取起，去掉水分，再放入盆里，加入干生粉、花生油再反复搓洗，最后用清水清洗干净取起。

③ 将猪大脷放入90℃的热水中拖水，以能刮掉猪脷苔白为度，取起，刮净脷苔白，去净杂质，洗过后用刀剖开两边。

④ 取汤锅洗净，注入滚水，猛火烧滚后放入猪肚、猪脷、白果肉、姜件、白胡椒粒，加盖，猛火烧滚后转用中火煲1小时，再加入腐竹，猛火煲20分钟，用精盐、味精调味，猪肚猪脷捞起，切成件状，排放于碟上便成。

技艺要领

① 清洗猪肚方法：先去除猪肚肥膏杂质，翻转后先用精盐搓洗，然后用清水洗过；再用干生粉、花生油搓洗，过清水；最后热镀炕过，刮去黄色衣，并清洗干净。

② 腐竹要用小苏打粉水浸泡约1小时，再用清水洗过后放入汤里。这样处理过的腐竹能在汤水里溶解，使汤色呈奶白色。

家嫂叉烧

家嫂叉烧又称为镬上铲叉烧，因其制作方法简单、时间短且口感好，深受坊间民众的喜欢。

特点

色泽鲜亮，
味鲜香甜。

原料

猪上五花肉 500 克，蒜蓉 3 克，玫瑰露酒 40 克。

调料

精盐、红糖、生抽、老抽、花生油各适量。

制作方法

① 将猪上五花肉洗净去皮，切成长约 8 厘米、厚约 3 厘米的件状，放入盆里，下玫瑰露酒、生抽拌匀，腌制约半小时。

② 烧镬下油，下蒜蓉爆香，加入腌好的肉件，用镬铲反复铲片刻，加入红糖、精盐，转用慢火煮至收汁（以熟为度），加入老抽调色炒匀上碟便成。

技艺要领

① 选用猪上五花肉（半肥瘦），洗净切件后用高度酒腌制 30 分钟，使肉件爽口入味。

② 蒜蓉要爆香后再加入肉件烹制。

③ 在收汁时加入老抽调色。

凤凰香荔卷

芋头既是粤菜烹饪食材的优质原料，也是滋补身体的营养佳品。芋头的种类繁多，广西的荔浦芋、福建的槟榔芋和广东韶关乐昌的张溪香芋尤为出名。凤凰香荔卷选用荔浦芋头作主料（去皮蒸熟后拌成荔蓉馅），然后用鸡蛋煎皮后卷包荔蓉成卷状后上脆浆油炸成菜。

特点

色泽金黄，外香脆内软糯，味香鲜甜。

荔浦芋头 1 000 克，鲜鸡蛋 400 克，五香粉 2 克，葱白粒 5 克，脆浆 750 克。

调料

精盐、白糖、味精、胡椒粉、湿生粉、花生油各适量。

制作方法

① 将荔浦芋头去皮，洗干净后用刀切成薄片，盛在碟上，放入蒸笼猛火蒸熟取出，稍凉后放入盆里，加入精盐、白糖、味精、五香粉、胡椒粉搓匀，再下葱白粒、花生油搓匀，成荔蓉馅，然后把荔蓉馅搓卷成长约 20 厘米、直径约 2.5 厘米的圆柱状。

② 鲜鸡蛋去壳，放入盆里打匀，再加入湿生粉打匀后用慢火煎成薄蛋皮，然后将蛋皮平铺在台面上（蛋皮面朝上），放入荔蓉馅卷逐条进行卷裹，用脆浆涂匀蛋皮边糊口，搓成蛋皮卷状，放在碟上，然后用刀切成约 10 厘米长的条状。

③ 猛火烧镬下油，待油温烧至四成热时，用筷子将荔蓉条夹着，逐条均匀地粘上脆浆后放入油镬里炸至金黄色取起，盛在笊篱里，滤去油分，然后用刀切成大圆粒状排放在碟上便成。

技艺要领

① 选用广西荔浦芋或韶关乐昌张溪香芋。

② 脆浆的配比：低筋面粉 350 克，生粉 150 克，清水 600 克，精盐 6 克，花生油 150 克，泡打粉 20 克。

③ 煎鸡蛋皮的配比：鸡蛋 3 只，湿生粉 25 克。

④ 脆浆的成菜标准要求：象牙色，沙梨皮，蚊帐眼。

鲩鱼肠蒸滑蛋

鲩鱼肠蒸滑蛋是一款传统的家常粤菜菜式，也是粤菜中低料高做（即使用下脚料，通过烹调工艺的制作而成菜）的经典菜式之一。鲩鱼肠含有丰富的不饱和脂肪酸，对人体血液循环有利，是患有心血管疾病人员的良好食物。同时，鲩鱼肠具暖胃和中、平降肝阳、祛风、治痹、截疟、益肠明目的功效，与鸡蛋配搭成菜，实为营养丰富，老少咸宜，深受坊间食众喜爱。

原料

新鲜鲩鱼肠（去鱼胆）5副，鲜鸡蛋6只，姜米2克，葱白粒2克。

调料

精盐、胡椒粉、花生油各适量。

制作方法

① 将新鲜鲩鱼肠与鲩鱼肝拆分开，用剪刀剪开鱼肠，去清肠内杂质和肥油，放入碗里，下精盐搓洗后用清水漂洗干净，捞起，滤去水分，然后切成长约10厘米的条状，放入碗里。鲩鱼肝洗净后切成厚件状。

② 烧镬下清水、姜米，加盖烧滚后放入鲩鱼肝件滚熟再下鱼肠条滚熟，倾入笊篱里，滤去水分，然后放在碟上。

③ 鲜鸡蛋去壳放入盆里，加入精盐、花生油打成蛋液，加等份的凉开水和匀后倒入鱼肠碟上，放入蒸笼用慢火蒸熟取出，撒葱白粒、胡椒粉于碟上便成。

技艺要领

① 清洗鲩鱼肠的方法：把剪好的鱼肠与鱼肝分开，鱼肠要用精盐搓洗，然后用清水洗净；姜米滚姜水后先放入鱼肝滚熟，再下鱼肠滚熟，以去除腥味。

② 鸡蛋去壳后放入碗里，加入精盐、花生油打成蛋液后再加入冷开水，慢火蒸熟，这样蒸蛋嫩滑可口，味鲜。

滑蛋炒花蟹

在佛山靠打鱼为生的渔家都有原只蒸江蟹或碎蒸江蟹（保留原汁原味）的习俗食法。渔家在食完碎蒸江蟹后发觉剩下的汁水有呈云片状的东西，且异常鲜美，觉得把它倒掉浪费，心想何不将此汁水用来蒸滑蛋呢！随即进行了尝试，发觉用蟹汁水蒸鸡蛋鲜嫩而美味可口，而且还适合老人、小孩品尝江蟹的美味。后来佛山的厨师就把这款民间习俗美食进行改良，通过合理的烹调，使两者独特的味道相互融合，既能感受到鸡蛋的鲜美与嫩滑，又可品味到花蟹独特的鲜甜味。

特点

色泽艳丽，嫩滑味鲜，营养丰富。

鲜活花蟹 500 克，鲜鸡蛋 250 克，葱白粒 10 克，上汤 250 克，姜片 2 克，蒜蓉 1 克。

调料

精盐、白糖、绍酒、湿生粉、花生油各适量。

制作方法

① 将鲜活花蟹宰净，斩成块状；鲜鸡蛋去壳，放入盆里，打成蛋液。

② 猛火烧镬下油，待油温烧至四成热，放入蟹块拉油至八成熟，随即倾入笊篱里，滤去油分。把镬端回炉上，下蒜蓉、姜片略爆，加入花蟹块炒匀，溅入绍酒，注入上汤，加盖将花蟹煮熟，用精盐、味精调味，用湿生粉打芡炒匀后放入蛋液里和匀。

③ 烧镬下油，把蛋液蟹块放入镬中，慢火由底向面顺时针方向推匀至蛋刚熟，上碟，撒上葱白粒便成。

技艺要领

① 花蟹要鲜活，现宰现烹。

② 花蟹斩件后先烹熟，然后连蟹汁一同放入蛋液里和匀，使蟹汁融入蛋液里，使味道更加鲜甜。

③ 炒蛋蟹时要用慢火炒，至仅熟上碟，叠成山形。

花油鸡肝卷

此菜源于古城佛山的如珍酒家，20世纪中期，如珍酒家的梁森师傅发现用卤猪胴（肝）做馅条，带有韧性，且口感尚有差异。遂将卖鸡所剩余的鸡胴（鸡肝）用卤水浸卤成熟，再配上明炉烧的半肥瘦叉烧做馅。而卤水鸡肝口感绵滑甘香，再配半肥瘦叉烧拌挞，效果比用卤猪胴要好得多，遂将此菜称为花油鸡肝卷。

特点

色泽金黄，甘香味美，酥化香滑。

原料

新鲜猪网油 250 克，鲜鸡胭（鸡肝）
300 克，半肥瘦叉烧 150 克，上汤 150 克，
五香粉 2 克，蒜蓉 2 克。

调料

精盐、白糖、味精、湿
生粉，干生粉、绍酒、
花生油各适量。

制作方法

① 先将新鲜猪网油洗净，滤去水分。

② 将鲜鸡胭洗净后用滚水滚过，然后用卤水浸卤熟捞起，与半肥瘦叉烧切成粗条状。

③ 烧镬下油，下蒜蓉爆香，加入叉烧条炒过，溅入绍酒，注入上汤，用精盐、白糖、味精调味，撒上五香粉，用湿生粉打成薄芡，再下鸡胭条和匀上碟。然后把猪网油铺开在桌面上，排上鸡胭条、叉烧条，叠卷成约 3.5 厘米直径的圆柱状，抹上湿生粉封口，再均匀拍上干生粉。

④ 猛火烧镬下油，待油温烧至五成热，放入鸡肝卷，拉镬避火，浸炸至金黄色取起，滤去油分，随即切成段状排放碟上便成。上菜时跟淮盐、喼汁佐食。

技艺要领

① 鸡肝洗净后用姜水滚过后进行卤制，至仅熟后取出切粗条状。如过熟则不够香、绵、滑。

② 猪网油洗净后要用干洁毛巾吸干水分，铺开后要抛上干生粉再卷。

③ 炸时以先炸后浸再炝火捞起的方法操作。

花生眉豆煲鸡脚

花生眉豆煲鸡脚是一款粤菜传统的汤水。自古以来,民间就有用鸡脚(鸡爪)加入花生、眉豆煲汤的习俗,此汤因具有健脾养胃、舒筋活络、补肾壮阳的食疗功效,成为民间一款滋补养生性较强的保健汤品。

新鲜鸡脚 500 克，花生 50 克，眉豆 50 克，湿陈皮 5 克，姜件 2 件。

调料

精盐、味精、绍酒、花生油各适量。

制作方法

① 将新鲜鸡脚剁去趾甲，洗净后用滚水滚过，捞起，放入清水盆里洗净取起，滤去水分。花生、眉豆用盆盛放，加入清水浸约 1 小时，滤去水分。

② 烧镬下油，下姜件略爆，加入鸡脚炒过，溅入绍酒，注入滚水，转入汤锅，加入花生、眉豆、湿陈皮，加盖，猛火烧滚后转用中火煲约 1 小时，熄火用精盐、味精调味便成。

技艺要领

① 花生与眉豆煲汤前先用清水浸约 1 小时，容易够身融入汤水中。

② 鸡脚剁去趾甲后飞水，再用姜件爆炒过，能去除腥味。

黑豆煲塘利

塘利又称为塘鲺（佛山人对塘利的称谓）。中医认为塘利鱼具有养血、补虚、滋肾、调中助阳的食疗功效。据说，黑豆也有滋肾助阳的疗效作用，黑豆与塘利的搭配，两物相融，起到较好的保健效果。故此，佛山人多以黑豆煲塘利汤作为滋养健体的滋补汤品。

特点

汤色浓醇，味鲜香甜。

鲜活塘利 750 克，青肉黑豆 75 克，湿陈皮 5 克。

调料

精盐、味精、绍酒、花生油各适量。

制作方法

① 把鲜活塘利宰净，去除鱼鳃和内脏，用 95℃的水稍烫，然后放入清水盆里，洗去潺液后再清洗干净取起，滤去水分。青肉黑豆用清水浸泡约 1 小时备用。

② 将洗净的塘利用精盐抹匀。

③ 烧镬下油，把塘利放入镬中，转用慢火煎至两面呈金黄色，溅入绍酒，注入滚水，加盖猛火烧滚后倾入汤煲里，加入青肉黑豆、湿陈皮，加盖，猛火烧滚后转用中火煲约 1 小时，起盖用精盐、味精调味即可。

技艺要领

① 塘利宰杀后要用虾眼水烫过，去掉潺液。

② 塘利要煎过，煎前用精盐抹匀鱼身，慢火煎才能不粘镬而脱皮。

③ 黑豆先浸约 1 小时，再煲约半小时，加入塘利再煲 40 分钟。煲汤时只下陈皮，不能下姜，否则会有泥气味。

桂林窝烧鱼

桂林窝烧鱼是在佛山传统菜式酿鲮鱼的基础上对馅料进行调整与改良，应用驰名中外的桂林马蹄（荸荠）、淡水河虾米、鲩鱼等原料制成鱼胶馅酿制。因 20 世纪中期的鲩鱼比较小，一条鱼只有 750 克左右，宴席不够气派，所以粤菜师傅就把鲩鱼的制作方法进行改良，并借鉴广西桂林烧鱼的做法烹制成菜的一款菜式。

特点

色泽鲜明，味鲜爽滑，清甜可口。

原料

鲜活鲩鱼 1 条（约 1 000 克，俗称吊水鲩），湿虾米 50 克，湿冬菇粒 50 克，桂林马蹄粒 50 克，芫荽梗粒 25 克，葱白粒 5 克，陈皮蓉 2 克，蒜蓉 2 克，姜米 2 克，上汤 400 克。

精盐、白糖、味精、绍酒、胡椒粉、生抽、干生粉、湿生粉、芝麻油、花生油各适量。

制作方法

① 将鲜活鲩鱼宰杀放血，打鳞，挖掉鱼鳃，然后从鱼肚正中开肚，取出内脏，刮净黑膜。清洗干净后用刀尖在两边肚皮处分别剞一刀，随即用手指从鱼皮与肉之间插入，将鱼皮剥离至鱼背鳍处，两边处理完毕后用刀斩断脊骨两端，保留鱼头和鱼尾与原条鱼皮相连。

② 把取出的鲩鱼肉去脊骨，然后切成薄片，再用刀剁成鱼蓉，放入盆里，加入味料顺时针方向拌匀，用力挞至起胶，加入湿冬菇粒、湿虾米、桂林马蹄粒、芫荽梗粒、陈皮蓉、干生粉搓匀，再用力翻挞至起胶。然后将鲩鱼皮摊开（腹部朝上），拍上干生粉，随即把鱼胶馅酿入已涂上干生粉的鲩鱼皮内，抹平，抛上干生粉，再复转在鱼皮面上抛上干生粉。

③ 猛火烧镬下油，待油温烧至五成热，放入酿好的鲩鱼，拉镬避火，浸炸至熟（呈金黄色）取出，滤去油分，放在碟上。

④ 烧镬下油，下蒜蓉、姜米略爆香，溅入绍酒，注入上汤，烧滚后用精盐、白糖、味精调味，下生抽调色（浅红色），淋入鱼碟里，随即放入蒸笼猛火蒸约20分钟取出，倒出原汁，撒上胡椒粉，用湿生粉打芡后，下芝麻油、包尾油和匀淋在鱼面上，撒上葱白粒便成。

技艺要领

① 起鲩鱼皮时要保持鱼皮的完整，尽可能不穿洞。

② 鱼胶酿入前要在鱼皮上抛上干生粉，以利粘连。

骨香乳鸽

乳鸽是指从孵化到羽毛丰满的雏鸽，一般生长 22~30 天便可食用，其特点在于肉嫩丰满，味鲜可口。佛山人品尝乳鸽的历史悠久，用乳鸽烹制的菜式可谓变化多样，其中骨香乳鸽是选用优质肥嫩丰满、体大而肉厚的乳鸽，创制出一款以炸骨为底、炒肉片为上的菜式。此菜式做法独特，特色鲜明，更有别于其他乳鸽菜式，是一款一鸽两食的传统菜式。

特点

色泽鲜明，
鸽片嫩滑，
炸骨酥香，
味鲜可口。

原料

宰净乳鸽 2 只，鲜笋片 75 克，青红椒件各 50 克，湿冬菇件 25 克，鸡蛋（蛋清与蛋黄分开）1 只，姜汁 10 克，蒜蓉 2 克，姜花 2 克。

调料

精盐、白糖、味精、五香粉、胡椒粉、绍酒、干生粉、湿生粉、花生油各适量。

制作方法

1. 将宰净乳鸽去除内脏，洗净，用干洁毛巾抹干水分，然后拆骨起肉。乳鸽骨留头、尾、翅、脚，胸骨用刀拍后斩成件状，用清水洗净后捞起，用干洁毛巾吸干水分，放入碗里，加入姜汁、精盐、白糖、味精、五香粉、鸡蛋黄拌匀后拍上干生粉，然后放入油镬中炸至金红色取起，滤去油分，然后拣出头、尾、翅、脚，用碗盛放，其余炸骨件放在碟上。

2. 乳鸽起肉后随即片成鸽片，用碗盛放，加入姜汁拌匀，再加入味料拌匀，后再下少许干生粉拌匀，最后加入鸡蛋清拌匀。

3. 烧镬下油，把青红椒件、鲜笋片、湿菇件煸炒至熟取起，滤去水分，成配料件，待用。

4. 烧镬下油，放入乳鸽片拉油至仅熟，倾入笊篱里，滤去油分。随即把镬端回炉上，下蒜蓉、姜花略爆，加入配料件、鸽片，溅入绍酒，调味，撒上胡椒粉，用湿生粉打芡，下包尾油炒匀后放在炸骨件上，用乳鸽头、尾、翅、脚拼摆成鸽形便成。

技艺要领

1. 乳鸽的选料要选鸽身肥壮骨嫩，重量 400 克每只为好。

2. 骨香是指用乳鸽起肉后的胸骨、翅、颈骨和头、尾，用味料加五香粉拌匀后上粉炸（又称为炸骨底），炸好后将骨铺放在碟底，取其头、尾、翅作拼砌鸽形。

145

高汤焗大虾

罗氏虾，又名罗氏沼虾，亦称为白脚虾、马来西亚大虾、金钱虾、万氏对虾等，是一种大型淡水经济虾类，素有淡水虾王之称。罗氏虾壳薄体肥，肉质鲜嫩，味道鲜美，营养丰富。罗氏虾在粤菜中也是一种健康食品和常用的烹饪原料之一，用途广泛，变化多样，颇受食客欢迎。

特点

色泽油亮，味鲜香浓，虾肉爽口。

鲜活大只罗氏虾750克，西兰花200克，伊府面1个，姜件3件，葱条2条，上汤750克。

调料

精盐、白糖、味精、绍酒、胡椒粉、湿生粉、花生油各适量。

制作方法

① 把鲜活大只罗氏虾用剪刀剪去虾枪、虾须、虾脚，然后再用刀在虾肚部由尾至头顺剽一刀，用碗盛放，加入精盐拌匀，腌制约5分钟，然后用滚水稍滚过，倾入笊篱里，滤去水分。

② 伊府面用滚水煮熟后取起，滤去水分，然后排放在碟中间，西兰花洗净改切后用滚水滚熟后捞起，排放在伊府面中间。

③ 猛火烧镬下油，待油温烧至七成热，放入罗氏虾，稍炸至浮身，倾入笊篱里，滤去油分。

④ 烧镬下油，放入姜件、葱条爆香，溅入绍酒，注入上汤，烧滚后加入罗氏虾稍滚片刻捞起，去掉姜葱，把虾排放在伊府面四周，然后用精盐、白糖、味精调味，撒上胡椒粉，用湿生粉打芡，加入包尾油和匀，然后把芡汁均匀淋上便成。

技艺要领

① 选用大只鲜活的罗氏虾，剪虾时在虾眼底剪。

② 剪好虾后在每只虾的肚部剽一刀，然后用精盐拌匀稍腌（使虾容易入味）。

③ 炸虾前要先飞水再炸。

粉葛赤小豆煲鲮鱼汤

此汤水是一款广为流传于民间的保健靓汤。

粉葛也称为葛根，是粤菜烹饪原料之一。此汤水使用粉葛、鲮鱼、赤小豆进行煲制，有着祛湿利水，解毒消肿，益气养血的食疗功效，尤其是对咽喉炎有着显著的食疗作用。

特点

汤味香醇，味鲜可口。

粉葛 500 克，鲮鱼 600 克，
赤小豆 50 克，湿陈皮 5 克。

调料

精盐、味精、花生油各适量。

制作方法

① 先把鲮鱼宰净，去除鱼鳞、鱼鳃、内脏（注意不能弄破鲮鱼胆），洗净后用干洁毛巾吸干水分，然后用精盐抹匀鱼身。

② 烧镬下油，放入鲮鱼，转用慢火煎至两面呈金黄色取起，放在碟上。

③ 粉葛用毛刷洗净皮泥，切成厚件，与浸洗过的赤小豆、湿陈皮放入汤锅里，注入清水，加盖后猛火烧滚，约半小时后加入煎过的鲮鱼，再加盖煲约 40 分钟，用精盐、味精调味便成。

技艺要领

① 赤小豆要预先用清水浸约 1 小时。

② 煎鲮鱼前要用精盐抹匀鱼身，避免在煎鱼时粘镬而破皮，影响煎鱼的质量。

③ 煲汤时要先将粉葛、赤小豆煲约半小时后再加入鲮鱼煲（因粉葛、赤小豆与鲮鱼的受热程度和时间有所区别，故亦有先煲后下之说）。

④ 煲此汤只需下湿陈皮，无须放姜。因鲮鱼是忌姜的，如下姜则会有泥气味。

发菜扒大鸭

发菜（财）扒大鸭是古城佛山的一款传统粤菜菜式。清末年间佛山乡民但凡寿诞、添丁等喜宴和年节的团聚都必须摆上九大簋，而发菜扒大鸭是九大簋中的必选菜式，以图吉祥大利、发财丰顺。此后发菜扒大鸭（发财扒大鸭）一直流传至今，成为佛山的一道传统名菜。

特点

色泽鲜亮，味鲜香醇，烩滑可口。

原料

净光鸭 1 只（约 1 500 克），煨好发菜 250 克，菜远 150 克，八角 3 粒，川花椒 2 克，香叶 2 克，桂皮 3 克，草果（拍烂）2 克，拍姜 15 克，葱条 2 条，湿陈皮 3 克。

调料

精盐、红糖、味精、生抽、老抽、绍酒、湿生粉、胡椒粉、花生油各适量。

制作方法

① 将净光鸭洗净，去净鸭毛，挖去内脏，斩去鸭掌、鸭翅，斩嘴留胴去下巴，去掉尾苏。然后在鸭背正中切十字刀口，敲断四肢骨，用生抽将鸭身涂匀，随即放入六成热的油镬中炸至金红色捞起，滤去油分后放入冷水盆里漂水约 5 分钟捞起，滤去水分。

② 将炸鸭放入盆里，注入滚水（以浸过鸭身为度），下拍姜、葱条、香料包（把八角、川花椒、香叶等香料洗净后用煲汤袋包好）、湿陈皮、绍酒，调味，用老抽调为金红汤色，然后放入蒸笼猛火蒸至鸭身焾软取出，稍凉后在鸭背刀口处取出胸骨，然后复转放在碟上（鸭胸脯向上），砌回鸭形，再放入蒸笼蒸热取出，倒出原汤（用碗盛着，留用）。

③ 烧镬下油，下菜远煸炒至熟，倾在笊篱里，去掉水分，排放在鸭身两边。

④ 烧镬下油，溅入绍酒，注入原汤，加入煨好发菜，烧滚后用精盐、白糖、味精调味，撒上胡椒粉，用湿生粉勾芡，加入包尾油和匀后扒在鸭身上便成。

技艺要领

① 发菜先用清水浸过，然后用姜葱水滚煨过，去除杂味。

② 红鸭够身捞起，稍凉后在背部拆骨，上碟时鸭胸部朝上，保持鸭形。

③ 用红鸭汁加入发菜烧滚，调味，打芡淋上。

豆腐芫荽鱼头汤

此汤品使用豆腐、芫荽、鳙鱼头和姜等材料烹制而成，做法简单，且具有健脾益气、开胃滋补、通便排毒、降低脂肪、强筋健骨、健脑益智的食疗功效。该汤还含有丰富的维生素C、胡萝卜素、蛋白质、钙、胶原蛋白和不饱和脂肪酸等，味香鲜美，营养价值高，是一款一年四季皆宜、老少合适的健康汤品。

特点

汤色奶白，味鲜浓香，营养丰富。

原料

豆腐1件，芫荽25克，鲩鱼头500克，姜片3克。

调料

精盐、味精、胡椒粉、绍酒、花生油各适量。

制作方法

① 将豆腐洗过，切成与手指头般大的块状，放入盆里，用淡盐水浸泡备用。

② 芫荽洗净后切成段状。

③ 把鲩鱼头洗净，去掉鱼鳃，挖掉鱼牙，用精盐抹匀。

④ 烧镬下油，下姜片略爆，放入鲩鱼头，用慢火煎至两面呈金黄色，溅入绍酒，注入滚水，加盖猛火滚约3分钟，加入豆腐再滚2分钟，下芫荽略滚，用精盐、味精调味，撒上胡椒粉上汤锅便成。

技艺要领

① 选用新鲜的鲩鱼头，去掉鱼鳃和鱼牙，避免有苦腥味。

② 煎鱼头前要用精盐抹匀鱼头，避免煎时粘镬。

③ 准备滚水，当鱼头煎至两面呈金黄色时加入姜片稍爆过，随即溅入滚水，加盖后猛火滚，使汤色呈奶白，香鲜味甜。

电饭煲焗鸡

电饭煲焗鸡是使用电饭煲作为菜式加热成熟的炊具,成菜色泽金红,甘香味美,原汁原味。这种做法,既省时,节约人力资源成本,且安全、卫生、可靠,烹制的菜式兼具色、香、味,深受坊间民众喜爱。

原料

光鸡项1只(约1250克),姜汁10克,葱条2条。

调料

精盐、生抽、花生油各适量。

制作方法

① 取电饭煲一个,洗干净后用干洁毛巾抹干备用。

② 将光鸡去清内脏,去掉绒毛、鸡肺,洗净后取起,用干洁毛巾吸干水分,用刀将光鸡斩开两边(建议去掉鸡头、鸡屁股),然后每边斩成5件,放入盆里,加入精盐、姜汁捞匀,腌制约10分钟,再用生抽拌匀。

③ 电饭煲胆用少许花生油抹过,将葱条放入电饭煲胆底部,然后将腌好的鸡件均匀摆(鸡皮朝下)在电饭煲胆里,加盖,插上电源,按下开始键,待跳至保温模式后约2分钟再重按开始键,第二次跳至保温模式后打开煲盖,取出鸡件,均匀摆在碟上(鸡皮朝上)便成。

技艺要领

将姜汁加精盐拌匀后抹匀鸡身和鸡腔，腌制约
10分钟再焗。

大板桥蒸猪

据历史资料记载：均安蒸猪始创于1855年，由均安蒸猪四代传人、现均安大板桥农庄老板李耀苏的曾祖父李学宗所创制，到李耀苏的祖父、父亲相继传承，至今已有160多年的历史。作为均安蒸猪第四代传人的李耀苏，于20世纪90年代开办了富具农家特色的大板桥农庄，对传统的均安蒸猪不断研究、改良和创新，创制成具甘、香、咸、鲜融合的复合蒸猪腌料，以提升均安蒸猪的复合味感，名曰大板桥蒸猪。

特点 鲜香嫩滑，皮爽口，肥而不腻。

靓五花腩肉 500 克，腌猪粉 6 克，白芝麻 2 克。

制作方法

1. 把镬烧热，将靓五花腩肉皮朝下放入镬里煅过（去除皮毛），然后取出，放在砧板上把猪皮刮干净，然后用清水洗净，取起，滤去水分。

2. 用刀在肉面上剺粗条花状，均匀撒上腌猪粉，随即用手搓匀，腌制 1 小时后再搓匀一次，再腌制 1 小时（使猪腌入味）。

3. 把腌好的猪肉放在碟上（皮朝上），放入蒸笼，加盖猛火蒸 30 分钟起盖，随即用钢针插匀皮身，让其出油，接着用清水洗去皮油后加盖，再蒸 10 分钟取出，撒上白芝麻斩件上台便成。

技艺要领

1. 腌猪粉的配料以精盐、五香粉等为主。

2. 腌猪肉前将肉剺成粗条花状，均匀撒上腌猪粉后用力搓匀，使肉入味，腌制约 1 小时后再搓一次，再腌制 1 小时，这样才能使猪肉更好入味。

3. 用钢针插猪皮，目的是使猪皮出油，然后用清水洗去皮油，这是大板桥蒸猪爽口且肥而不腻的技艺要领。

穿心鲩鱼卷

佛山厨师车鉴是古城佛山老一辈世袭名厨，是20世纪中后期佛山饮食界家喻户晓的一代名厨。他利用以鲩鱼作为烹饪食材原料的特性，在鲩鱼烹制工艺上别具匠心地以切双飞鲩鱼片，再卷入火腿和菜远的做法而炒制，成菜色、香、味、鲜、爽，名曰穿心鲩鱼卷。

特点

色泽鲜明，造型别致，味鲜爽滑。

新鲜鲩鱼肉 400 克，火腿丝 25 克，短菜远 75 克，蒜蓉 1 克，姜片 1 克，上汤 150 克。

调料

精盐、味精、绍酒、胡椒粉、干生粉、湿生粉、花生油各适量。

制作方法

① 将新鲜鲩鱼肉去鳞洗净，用干洁毛巾吸干水分后切成双飞鱼片，放入盆里，下精盐拌至起胶，再加入干生粉拌匀。然后将鱼片平铺在碟上（鱼皮朝上），每一件鱼片上放上一条火腿丝，一条短菜远，再卷成筒状（其中一头要突出菜远花）。

② 烧镬下油，下蒜蓉、姜片略爆香，溅入绍酒，注入上汤，加入鱼卷，加盖至仅熟，用精盐、味精调味，撒上胡椒粉，用湿生粉打芡，下包尾油炒匀上碟便成。

技艺要领

① 鲩鱼肉要取其新鲜为好。

② 火腿要用上汤蒸过，去除咸味，增进香味。

③ 卷鲩鱼时要卷得结实，烹制时不容易松散。

豉汁蒸三黎

自古以来，佛山民间品尝江河鲜便有"春鳊，秋鲤，夏三黎，冬嘉鱼，三月黄鱼四月虾，五月三黎炆苦瓜"之说。广东人所称的三黎鱼，是以产于珠江流域之西江下游的最为肥美（佛山三水的西江流域出产的为最佳）。三黎鱼不可垂钓上钩，只能以网捕捉，因为三黎鱼很珍惜自己的鱼鳞，只要有东西碰着就不动，所以渔民往往选择在适合水流的地方下网捕捉。对于三黎鱼的赞美，诗人屈翁山曾有诗云："刮镬鸣时春雪消，鲥鱼争上九江潮。自携鲙具过渔父，双桨如飞不用招。"其意思是说每年品食三黎鱼的季节，是以品活鲜最为肥美，且最好能自带厨具跟随渔船出江河，随捕随买随烹食。这是品食三黎鱼的最高境界。

特点

色泽鲜明，味鲜可口，营养丰富。

原料

三黎鱼 1 条（约 750 克），凉瓜 250 克，蒜蓉 5 克，豆豉蓉 10 克，湿陈皮蓉 2 克。

调料

精盐、白糖、味精、胡椒粉、湿生粉、花生油各适量。

制作方法

① 将凉瓜洗净，竖切开边，去瓤，然后斜刀切成片状，放入盆里，下精盐拌匀后腌制约 3 分钟，用清水洗过后擦干水，摆放于碟中。

② 烧镬下油，加入蒜蓉、豆豉蓉、湿陈皮蓉爆香取起。

③ 把三黎鱼宰净，去掉内脏、鱼鳃，保留鱼鳞，然后开边，斩件，放入盆里，加入爆香的蒜蓉、豆豉蓉、湿陈皮蓉，下精盐、白糖、味精调味拌匀后加入湿生粉再拌匀，最后加入花生油拌匀，然后将鱼件排放在凉瓜面上，砌回鱼形，随即放入蒸笼猛火蒸熟取出，撒上胡椒粉，溅上烧滚花生油便成。

技艺要领

① 豆豉要炒过（因炒过的豆豉甘香），然后再剁成蓉，这是豉味香浓而醇的关键。

② 蒸时用猛火蒸。

豉椒塘利球

塘利俗称为塘虱（佛山人对塘利的称谓），而后来佛山人感觉"虱"的谐音与"失"相仿而有失吉利，故将塘虱改称为塘利，意思是人人大吉大利或做生意一本万利的意思。以前佛山人常以塘利鱼煲黑豆汤或将塘利鱼宰净后切成片焗饭，可滋肾助阳，还可治流鼻血等症状。后经佛山历代厨师对塘利鱼的烹调制作不断研究、改良，将切片的工艺改成剡花起球状，再加入辣椒、豆豉作配菜，应用拉油炒法的工艺制作，使此菜更加味鲜香浓，爽口嫩滑，名曰豉椒塘利球（其头骨还可加入黑豆煲汤）。

原料

鲜活塘利750克，青椒件150克，红椒件50克，鸡蛋清1只，原粒豆豉15克，蒜蓉2克，湿陈皮蓉1克，上汤适量。

调料

精盐、白糖、味精（或鸡粉）、胡椒粉、绍酒、老抽、花生油、干生粉、湿生粉各适量。

制作方法

① 将鲜活塘利宰净，然后用虾眼水稍烫过捞起，放入清水盆里，洗净潺液取起，用干洁毛巾吸干水分，起肉并剡上花纹后改切成球状，放入盆里，先用少许精盐和干生粉拌匀，再加入鸡蛋清拌匀。

② 烧镬下油，放入青红椒件，溅入适量上汤煸炒至熟，倾入笊篱里，滤去水分。

③ 猛火烧镬下油，待油温烧至五成热，放入塘利球拉油至九成熟，倾入笊篱里，滤去油分。随即把镬端回炉上，下蒜蓉、原粒豆豉爆香，再下湿陈皮蓉爆过，随即下青红椒件、塘利球，溅入绍酒，用精盐、白糖、味精调味，用湿生粉勾芡，撒上胡椒粉，下适量老抽，下包尾油炒匀上碟便成。

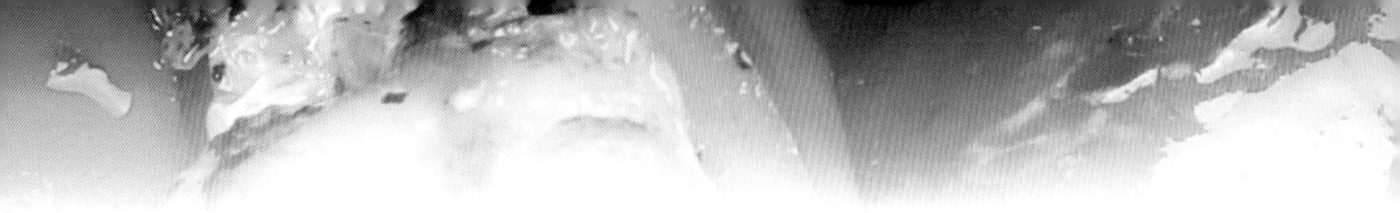

技艺要领

1. 塘利宰净后要用虾眼水烫过，然后用清水洗去潺液，抹干水分再起肉。
2. 烹制时要做到即捞味、即拉油至仅熟取起，过熟会影响塘利球的形状和质量，甚至破烂不成形。
3. 豆豉要炒过，这样才有甘香味。
4. 不能下姜，只能下陈皮蓉，如下姜烹制会有泥气味。

特点

色泽鲜明，味鲜香浓，嫩滑可口。

菜远炒鸽片

乳鸽,又称白凤,现已成为继鸡、鸭、鹅之后的四大家禽。乳鸽的营养价值非常之高,它不但含有人体必需的多种微量元素,还有滋补肝肾、补气血,托毒排脓的作用,而且还是乌鸡白凤丸的主要制作原料。乳鸽味鲜肉嫩,营养丰富,是老少皆宜的健康保健食品。

特点

色泽鲜明,
鲜香嫩滑。

光乳鸽2只,净菜远150克,鸡蛋清1只,姜汁2克,蒜蓉2克,姜片2克。

调料

精盐、白糖、味精、绍酒、胡椒粉、湿生粉、花生油各适量。

制作方法

① 将光乳鸽洗净,去掉内脏、绒毛,起肉,将鸽肉片成片状,放入盆里,下姜汁味料拌匀,加入鸡蛋清拌匀,然后下湿生粉拌匀。

② 把净菜远煸炒至熟,倾入笊篱里,滤去水分。

③ 烧镬下油,将鸽肉片拉油至仅熟,倾入笊篱里,滤去油分。随即把镬端回炉上,下蒜蓉、姜片略爆,加入熟菜远、乳鸽片,溅入绍酒,用精盐、白糖、味精调味,撒上胡椒粉炒过,用湿生粉打芡炒匀,加入包尾油炒匀上碟便成。

技艺要领

① 选用重量400克以上的鸽身肥壮的乳鸽。

② 菜远要先煸后炒。

③ 乳鸽片在烹制时要即捞味、即拉油至仅熟取起,如过早捞味会出水而影响口感。

安虾扒瓜脯

何谓安虾？其实安虾又称为虾干、虾米、海米、虾皮，因广式面点常用来制作安虾咸水角等面点品种，故又称为小虾干，是将各种活虾经加盐蒸煮、干燥、晾晒和脱壳等工序加工制成的产品。安虾含有丰富的矿物质和维生素及人体必需的微量元素，对提高人体免疫力有很大的作用。安虾不仅应用在粤式面点上，而且广泛应用于粤菜的菜式制作上。

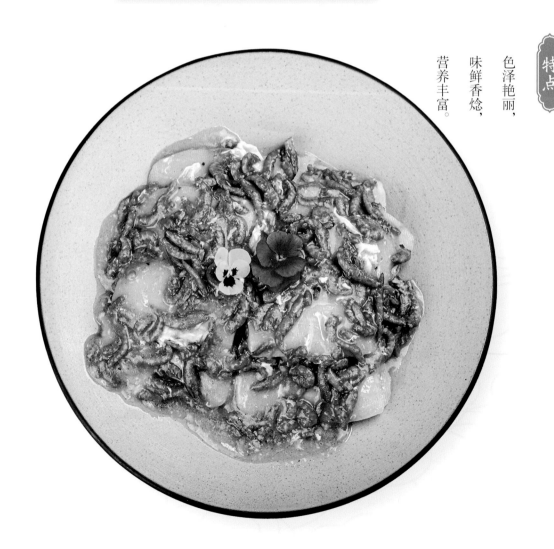

特点

色泽艳丽，味鲜香焓，营养丰富。

安虾50克,节瓜750克,鸡蛋清1只,姜件2件,葱条2条,蒜蓉1克,姜片1克,二汤1000克。

精盐、白糖、味精、绍酒、胡椒粉、湿生粉、花生油各适量。

制作方法

① 将安虾洗过后再用清水浸泡。节瓜用筷子头轻刮掉瓜毛后洗净切去头尾,从中间切开为两边,再将每边切开两边,片去瓜瓤,再改切成长约10厘米的瓜脯件。

② 烧镬下油,待油温烧至四成热,放入瓜脯拉油,随即倾入笊篱里,滤去油分。把镬端回炉上,下姜件、葱条爆香,溅入绍酒,注入二汤,加入瓜脯滚煨至八成熟,下精盐调味再滚煨至熟取起,将瓜脯摆在碟上。

③ 烧镬下油,下蒜蓉、姜片略爆香,加入搓干水分的安虾爆炒,溅入绍酒,注入浸虾水,烧滚后转用中火略滚片刻,用精盐、白糖、味精调味,撒上胡椒,用湿生粉打芡,加入已打匀的鸡蛋清推匀,下包尾油和匀,淋在瓜脯上便成。

技艺要领

① 瓜件要拉油,增加瓜件香气。

② 瓜件的滚煨是后调味,如过早调味会使瓜件容易出水。

九龙支竹蒸大鱼头

九龙支竹,出产于清远英德九龙镇,九龙镇优越的地理环境,有着极为丰富的优质矿泉水资源,当地人用优质的矿泉水,打造出驰名中外的豆制品美食文化,尤以九龙豆腐、九龙支竹为主。九龙支竹是一款营养丰富且含钙量极高的食物,其豆味浓郁,口感柔韧,久煮不烂,别具特色,享有"素中之荤"的美誉。九龙支竹在菜式上与鱼的组合配搭,可谓食物营养搭配的最佳组合。

特点

嫩滑香甜,
美味可口,
营养丰富。

新鲜大鱼头 750 克，九龙支竹 100 克，姜片 2 克，芫荽 3 克。

精盐、白糖、味精、老抽、胡椒粉、干生粉、花生油各适量。

① 把九龙支竹放入清水盆里浸至软身，然后切成长 6 厘米的段状，用滚水飞水后捞起，用碗盛放，下精盐、白糖、味精拌匀，放在碟上。

② 将新鲜大鱼头去掉鱼牙、鱼鳃，洗净捞起，斩成长方形，放入盆里，下精盐、白糖、味精，姜片拌匀后下干生粉拌匀，加入老抽调色，最后撒上胡椒粉，加入花生油拌匀，排放在支竹上，随即放入蒸笼，上盖猛火蒸约 5 分钟（以熟为度），取出，撒上已洗净切段的芫荽段便成。

① 支竹一定要浸透和用姜葱水滚煨过。

② 要用新鲜大鱼头，清洗时要把鱼牙、鱼鳃等挖清后再清洗干净。

③ 斩鱼头时要顺斩成长件，上味拌制要按顺序和步骤进行，否则会出现泻粉、泻芡现象而影响质量和口感。

豉油皇猪手

豉油皇猪手是一款传统粤菜名菜。豉油皇猪手有着色泽鲜艳、味鲜香浓、软烂、滑中带爽的风味和特点，而且制作简单，还有着补充人体胶原蛋白的食疗作用，深受坊间民众的喜爱，也是家喻户晓的家常菜式。

特点

色泽金红，
爽滑香烂，
味鲜香甜。

猪手 1 只（约 1 250 克），干葱头 10 克，拍姜 15 克，拍蒜头 10 克，葱条 2 条，八角 2 颗，花椒 2 克，香叶 3 片。

生抽、老抽、冰糖、绍酒、花生油各适量。

制作方法

① 先将猪手燂（烧）去猪毛，然后用刀刮净猪手皮，洗净后用刀劈开两边，再将每边斩成大件状，用滚水滚过后，放入清水盆里洗净捞起。

② 把洗净的猪手件放入汤锅里，注入清水，加盖后猛火烧滚，然后转用中火滚约 5 分钟，捞起放入清水盆里漂水 10 分钟，捞起放回汤锅里，猛火煲滚 5 分钟后捞起，再放回清水盆里过冻和漂水，连续四次，待猪手皮、肉有弹性手感为度，捞起，滤去水分。

③ 将拍姜、干葱头、拍蒜头用油炸过，八角、花椒、香叶等香料炒过后一起放入煲汤袋里扎好袋口。

④ 烧镬下油，下葱条略爆香，溅入绍酒，注入清水，加入生抽、冰糖、香料袋，加盖后猛火烧滚后转用中火滚至香料出味，捞起葱条，加入猪手件，用老抽调色，调味后加盖猛火烧滚后熄火，浸约 30 分钟（以淋滑为度）捞起上碟便成。

技艺要领

① 香料要炒过，料头要炸过。

② 猪手斩件飞水洗净后，要分别滚，漂四五次，每次约 5 分钟，至猪手有七成熝为度，这是猪手能爽滑可口、肥而不腻的关键。

③ 味水调好后放入猪手件，加盖烧滚后转用慢火再滚 5 分钟熄火，浸约 30 分钟，这是猪手入味的关键。

沙姜白切鹅

所谓白切鹅，其实就是用卤水浸熟的鹅，是粤西地区颇具特色的传统品种。佛山的厨师在学习和借鉴粤西的白切鹅制作方法的基础上，选用体肥、肉嫩、骨细、皮薄、味美的高明特色品种三洲黑鹅为主料而烹制的鹅菜，名曰沙姜白切鹅。此款菜式以独特的风味特色而创新和发展了鹅菜的菜式品种，广受食客喜爱。

原料

光鹅1只（约2 000克），鲜沙姜10克，姜件3件，葱条2条，香叶5件，草果2粒，花椒2克，八角3粒。

调料

精盐、味精、白糖、绍酒、生抽、花生油各适量。

制作方法

1. 将光鹅去掉内脏、肺、喉管、肥油，去净鹅毛，洗净，用滚水将鹅身烫过后，再用清水洗净，滤去水分。

2. 将香叶、草果、花椒、八角等香料洗过后上镬炒过后一起放入药材包包好，鲜沙姜洗净后刮皮，剁成沙姜蓉，用碗盛放，加入生抽和匀，溅上烧滚花生油，成沙姜豉油做蘸料用。

3. 烧镬下油，放入姜件、葱条爆香，溅入绍酒，注入清水，下药材包，猛火烧滚后转用中火煲至出味，去掉姜、葱，用精盐、味精、白糖调味，然后把鹅放入，烧滚后转用慢火将鹅浸熟取起，放入预先准备的冰水盆里（加入冰粒）过冻后取出，滤去水分后斩件上碟，跟沙姜豉油碟上便成。

技艺要领

① 鹅选佛山高明三洲黑鹅（又称为百日鹅）为最佳，因其肉嫩，体肥，骨细，皮薄，味美。

② 将八角之类的香料炒过，以发挥其香料香味的作用，然后再制成白卤水。

③ 鹅浸熟后迅速捞起过冰冻水，使其皮爽肉滑，口感口味好。

江南百花鸽

乳鸽是一种高蛋白、低脂肪、肉嫩味美的肉食珍禽，人类把乳鸽作为养生健体的烹饪食材的历史悠久。由于乳鸽具有滋肾益气、祛风解毒、养血清热的作用和食疗功效，自古就有"一鸽胜九鸡"的美称。而江南百花鸽是在粤菜名肴江南百花鸡的传统基础上改良制作的。

特点

色泽鲜明，
鲜香爽滑，
营养丰富。

光乳鸽1只(约400克),虾胶150克,猪肥肉粒15克,鸽肉粒25克,菜远100克,鸡蛋清10克,上汤250克。

精盐、味精、绍酒、干生粉、湿生粉、花生油各适量。

制作方法

① 将光乳鸽洗净后起出鸽皮,用刀尖在鸽皮上刺穿几个孔,然后铺在竹筐上,皮里朝上,再用干生粉抹匀。乳鸽头、翅尖放在碟上入蒸笼蒸熟,备用。

② 虾胶加入鸽肉粒、猪肥肉粒拌匀后,用力挞至起胶,酿在鸽皮上,再用鸡蛋清抹至平滑,随即放入蒸笼猛火蒸约5分钟至熟取出,复转在砧板上,切成日字件状排放在碟上,砌回头、翅尖成鸽形。菜远煸炒至熟后滤去水分,排放在碟两边。

③ 烧镬下油,溅入绍酒,注入上汤,用精盐、味精调味,用湿生粉打芡,加入包尾油和匀后淋匀在鸽身上便成。

技艺要领

① 起鸽时需保持鸽的完整度。

② 蒸鸽时要用猛火蒸。

丝瓜鱼腐汤

丝瓜鱼腐汤是广东南（南海）、番（番禺）、顺（顺德）一带春、夏季节常见的民间食疗汤品。

丝瓜是葫芦科丝瓜属植物的鲜嫩果实，具有清热化痰、凉血解毒及通络的食疗功效。丝瓜与鱼腐两种食材配搭成汤，其汤具有味清鲜、香甜的特点，是炎炎夏季首选之健康靓汤。

特点

清鲜香甜，软滑可口。

丝瓜500克,鲜鱼腐150克,姜片2克,葱白粒2克。

调料

精盐、味精、绍酒、胡椒粉、花生油各适量。

制作方法

1 将丝瓜刨去外皮，洗净，用刀斜切成三角形。鲜鱼腐先用慢火煎至两面呈金黄色，放入汤锅里，注入滚水，加盖滚约5分钟。

2 烧镬下油，下姜片略爆香，加入丝瓜炒过，溅入绍酒，倾入鱼腐汤，加盖滚片刻，起盖，用精盐、味精调味，撒上胡椒粉，用汤锅盛放，撒上葱白粒便成。

技艺要领

1 鱼腐慢火煎过后要溅入滚水，加盖猛火滚，才能使汤色呈浅奶色，滚过的鱼腐鲜香味美。

2 丝瓜、姜片爆炒过，能去除腥味，增加香甜味。

后记 佛山菜的特点

本书是我 40 多年厨师生涯的经验总结。

我是佛山人，每当想到佛山是一座美丽的历史悠久的文化名城，我就倍感自豪。佛山不但是我国"四大名镇"之一，还是陶艺之乡、武术之乡、粤剧之乡和美食之乡。它是广府菜的发源地之一，2011 年被评为"中国粤菜名城"。我给佛山美食总结了十六字口诀：南粤大地，物华天宝，食色佛山，回味无穷。

佛山属于广府地区，但在我看来，佛山菜与广府菜是有区别的，佛山菜有着鲜明的个性。佛山有优越的气候及地理环境，河汊交错，土地肥沃，历来是"鱼米之乡"。因为物产原料丰富和烹调技艺的多样化，佛山菜有"选料繁多、用料精细、急火快炒、现烹现食"的特点。佛山曾诞生大批名传海内外的美味佳肴，它的传统名菜林林总总、多姿多彩、承先启后、百花争艳，深受海内外人士青睐，尤以佛山柱侯鸡、陈皮爆鹅掌、金姐炒鱼环、紫洞艇焗蟹、蟠龙大鸭、石湾鱼腐、鸳鸯鲩鱼、得心斋扎蹄、核桃鱼、白田鸡片等菜式彪炳于食坛。此外，佛山菜还以擅长烹制"四大家鱼"而著称。佛山传统菜肴堪称岭南饮食文化的一枝奇葩，它汇聚了佛山一代代师傅毕生厨艺的心血和结晶！

我把佛山菜的特点归纳为三点：

第一，选料以本地为主。坚持新鲜取材，制作精细，急火快炒，讲究镬气，现烹现食。

第二，烹调技艺以佛山本地风味为主。菜品注重质和味，以味为基础，适度使用酱汁。口味清而纯，力求清中求鲜，纯中求美，美中求养，追求和呈现食物中特有的鲜美和原汁原味。

第三，菜肴以质感为主。有"酸、甜、苦、辣、咸、鲜"六味，有"甘、酥、软、肥、浓"五滋，有"鲜、爽、嫩、滑"四感，有"原色、原汁、原味"三原。这"六味""五滋""四感""三原"构成了佛山传统菜肴独特的烹调风格和浓厚的地方风味特色。

愿佛山菜承先启后，继往开来。不断创新，重现昔日辉煌！

最后，我要特别感谢支持本书出版的所有朋友和企业。过去 40 多年，我做过的菜，包括一些重要的代表作品，都没有留下合格的照片。这次，为出版本书，我请朋友、徒弟们帮忙，重新拍摄 88 道菜式，这可是一项浩大的工程，花费几个月，投入人力物力，备尝艰辛。在此，我要特别鸣谢以下单位和个人：

佛山市三水区咏泉酒家

佛山市三水区金爪皇

佛山市南海区松涛山庄

佛山市禅城区南庄乡村小聚

佛山市禅城区金源酒家

佛山市总工会职业培训学校

佛山市得心斋食品有限公司

佛山市顺德区均安大板桥农庄

佛山市顺德区容桂芳芳鱼饼有限公司

菜式摆盘设计：梁述高

菜式摄影：梁述高、王安齐

黄炽华

2021 年 8 月